养猪快速出栏法

YANGZHU
KUAISU CHULANFA

袁梁财　王琪　李英　主编

中国农业科学技术出版社

图书在版编目（CIP）数据

养猪快速出栏法 / 袁梁财，王琪，李英主编．-- 北京：中国农业科学技术出版社，2024.6
ISBN 978-7-5116-6739-7

Ⅰ．①养…　Ⅱ．①袁… ②王… ③李…　Ⅲ．①养猪学　Ⅳ．① S828

中国国家版本馆 CIP 数据核字（2024）第 062267 号

责任编辑 张国锋
责任校对 李向荣
责任印制 姜义伟　王思文

出 版 者 中国农业科学技术出版社
北京市中关村南大街 12 号　　邮编：100081
电　　话（010）82109705（编辑室）（010）82106624（发行部）
（010）82109709（读者服务部）
网　　址 https://castp.caas.cn
经 销 者 各地新华书店
印 刷 者 北京建宏印刷有限公司
开　　本 170 mm × 240 mm　1/16
印　　张 13.75
字　　数 300 千字
版　　次 2024 年 6 月第 1 版　2024 年 6 月第 1 次印刷
定　　价 58.00 元

《养猪快速出栏法》

编委会

主　编　袁梁财　王　琪　李　英

副主编　张兰香　曹思军　李柏青　才仁道尔吉
　　　　　李志亮　王合亮

编　委　姚华清　刘黎明　林　婷　赵家兴
　　　　　赵德浩　陈秀梅　杨爱荣　王　禹
　　　　　常丽霞　张　楠

前言

当前，我国生猪产业转型加快，全行业迫切需要相关技术指导。本书以现代高效养猪理念为出发点，着眼于推广应用生猪规模养殖实用技术，提高生猪产业技术水平和经营管理水平，从养殖模式与猪场运营、优化猪群品种结构、营养需要与饲料、不同阶段猪的高效生产管理、粪污无害化处理与利用、猪病高效防控措施等方面，比较系统地介绍了现代高效生猪生产的新理念、新知识和新技术。

本书力求语言通俗易懂，技术先进实用，针对性和实用性强，既可供生猪养殖者决策参考，也适合养殖户、养殖场人员、畜牧兽医技术人员使用，还可作为相关院校师生了解现代高效养猪生产理念、技术和方法的重要参考资料。

感谢北京中惠农科文化发展有限公司为本书做的宣传推广工作！

由于作者水平有限，书中不足甚至疏漏在所难免，希望读者在阅读使用过程中提出批评修改意见。

编 者

2023 年 10 月

目录

第一章

影响猪出栏的主要因素

第一节　养猪业的前景

一、国内外养殖情况对比

随着物质生活水平的提高和国际贸易交流的日益加深，消费者对畜产品的标准和需求也不断提高，在全球畜牧业发展中，各个国家和地区会相互竞争，争夺畜产品市场份额和品牌地位。国外畜牧业发展相对较早，经过多年的探索和发展，已经形成了完整的畜产品质量标准和审核体系。

国外的畜牧业产业链较为完善，从源头到销售整个环节都比较健全，相比之下国内还存在环境污染和养殖规模受限等问题。国外畜产品质量得到了较好的保障，具有较高的市场竞争力，而国内畜产品质量与国外产品相比还有差距。

在国内，养殖业发展也取得了一定的成就，特别是在畜禽养殖方面，我国采用了一系列先进的养殖技术，如设施化养殖、智能化饲养等，大大提高了养殖效率和产出质量。然而与国际先进水平相比还是有些差距。在欧美等发达国家，养殖技术已经达到了极高的水平。例如，荷兰等国家的设施化养殖系统集成了自动喂食、环境控制等功能，大大提高了养殖的效率和经济效益。美国则将先进的基因改造技术应用于养殖业，通过改良动物基因，提高了畜禽的抗病能力和生长速度。

在国外，生猪养殖规模化的不断推进促进了养殖场的专业化发展，多点化养殖技术成熟，保育场只负责保育，育肥场只进行育肥。1992 年育繁一体化的猪场出栏占比在 60% 以上。随着规模化程度的提高，专业化的养殖方式不断被推广，到 2004 年，专门的育肥场数量占比已经达到 80% 左右，而传统的一体化猪场占比不足 20%。

专业化程度的提高促进了生产效率的提高，最终体现为成本的下降。专业的育肥场在饲料、人工等方面的效率更高。以 2004 年为例，专业育肥场的饲料转化率高出一体化场的 1.65 倍，人工效率高出 3.6 倍，生产成本降低 59.61%。

而在国内，养殖模式不太一致，“公司 + 农户”外包、自繁自养或单纯育肥的小型养殖场都独立存在。像温氏集团，以“公司 + 农户”为主，低点快速扩张、高点大量获利。轻资产、利用闲散人力和土地、紧抓产业链高精尖一端，适合当下小农经济为主的国情，平台效益明显。但也有自己的弊端：扩张依赖合作养殖户的意愿，对公司的管理能力要求实际上非常高，没有充足的养殖技术支撑会造成双输。而像牧原股份这样国内大型养殖场则完全自繁自养，滚雪球增长，高点扩张快，低点放慢求稳。这种模式分工更细效率更高、更容易控制食品安全、更容易控制污染，资源集约型的工厂化农业属于未来发展方向。但折旧高、依赖融资、财务负担重、成片的适养土地少。若成本不控制、融资渠道不顺畅，恐难以穿越周期，门槛更高。

所以对于养殖，一定要结合国情和自身情况，确定一种最适合自身的模式。

二、养猪在养殖业的地位

为规范和促进我国畜牧业发展，提高我国畜牧业现代化水平，保障农产品供给，中共中央、国务院自 2004 年以来在连续多年发布的“中央一号文件”中，都对畜牧业的发展方针和支持畜牧业发展的措施作出了重要部署。从中共中央、国务院发布的“中央一号文件”可见，生猪稳产保供关系国计民生，稳定生猪生产，推动生猪标准化、规模化养殖在国家政策层面已被提到了空前的高度（表 1–1）。

表 1–1　2015—2023 年“中央一号文件”主要政策内容

年度	产业政策	相关内容
2015 年	关于加大改革创新力度加快农业现代化建设的若干意见	加大对生猪、奶牛、肉牛、肉羊标准化规模养殖场（小区）建设支持力度，实施畜禽良种工程，加快推进规模化、集约化、标准化畜禽养殖，增强畜牧业竞争力。完善动物疫病防控政策
2016 年	关于落实发展新理念加快现代化实现全面小康目标的若干意见	实施畜禽遗传改良计划，加快培育优异畜禽新品种、加快现代畜牧业建设，根据环境容量调整区域养殖布局，优化畜禽养殖结构，发展草食畜牧业，形成规模化生产、集约化经营为主导的产业发展格局
2017 年	关于深入推进农业供给侧结构性改革加快培育农业农村发展新动力的若干意见	发展规模高效养殖业。稳定生猪生产，优化南方水网地生猪养殖区域布局，引导产能向环境容量大的地区和玉米主产区转移
2018 年	关于实施乡村振兴战略的意见	加快发展现代农作物、畜禽、水产、林木种业，提升自主创新能力。高标准建设国家繁育基地
2019 年	关于坚持农业农村优先发展做好“三农”工作的若干意见	夯实农业基础，保障重要农产品有效供给，大力发展标准化规模养殖。按照“放管服”改革要求，对新建、改扩建的养殖场（户）简化程序、加快审批。有条件的地方要积极支持新建、扩建规模养猪场（户）的基础设施建设

（续表）

年度	产业政策	相关内容
2020年	关于抓好“三农”领域重点工作确保如期实现全面小康的意见	明确加快恢复生猪生产、生猪稳产保供是当前经济工作的一件大事。落实“省负总责”，压实“菜篮子”市长负责制，强化县级抓落实责任，保障猪肉供给；坚持补栏增养和疫病防控相结合，推动生猪标准化规模养殖等
2021年	关于全面推进乡村振兴加快农业农村现代化的意见	加快构建现代养殖体系，保护生猪基础产能，健全生猪产业平稳有序发展长效机制
2022年	关于做好2022年全面推进乡村振兴重点工作的意见	加大力度落实“菜篮子”市长负责制。稳定生猪生产长效性支持政策，稳定基础产能，防止生产大起大落
2023年	关于做好2023年全面推进乡村振兴重点工作的意见	落实生猪稳产保供省负总责，强化以能繁母猪为主的生猪产能调控。严格“菜篮子”市场负责制考核

由此可见，生猪养殖业是农业的重要组成部分，猪肉的供应直接关系着国计民生。国家在规模养殖、区域发展、设施用地、信贷扶持等各个方面出台诸多政策扶持生猪养殖业的发展，保障猪肉供应，推动生猪标准化、规模化养殖。

三、养猪业的发展前景

（一）我国猪肉消费基数巨大

我国人口大国的地位和长久以来猪肉的消费习惯决定了我国猪肉消费基数巨大。我国现在是全球最大的猪肉生产、消费市场，目前，猪肉产量占肉类总产量的比例达60%，市场规模巨大。随着我国人口数量和居民收入的持续增长、城镇化的持续推进，一定程度上拉动消费者对包括猪肉在内的动物蛋白需求量的增加。

（二）企业大规模一体化经营模式成为主流

大规模一体化的经营模式，有利于建立完整的品质控制体系，提升生猪的产品质量；有利于建立完善的疫病防控体系，提升企业的疫病防控能力；有利于减少中间环节的交易成本，提升企业的盈利能力；有利于实施标准化、机械化和集约化养殖，提升劳动生产效率，节约社会资源。因此，企业大规模一体化经营的模式，将成为生猪养殖业的发展趋势。

（三）养猪体系日趋完善

（1）建立和完善生态养猪的技术、管理体系。要从事生态养猪，并保证其健康发展，首先必须要有一支高素质的畜牧兽医技术队伍和经营管理队伍，切实建立和完善生态养猪的技术和经营管理体系。否则，生态养猪就无法实施，养猪业的可持续发展也将只是一句空话。

（2）建立和完善猪的繁育体系、加强配套系的培育和地方猪种的保护及其开发利用。种猪的好坏直接影响到终端产品的优劣，生态养猪的健康发展，必须从种猪的选育入手，建立和完善猪的良种繁育体系；同时加强配套系的培育和优良地方品种资源的保护及其开发利用，为最终生产出市场畅销的优质猪肉提供优良的种源。

（3）建立和完善科学的饲料生产和供应体系。饲料品质的优劣、配制的好坏和成本的高低，直接影响到猪肉的品质和生态养猪的生产经营效益，因此，必须建立和完善科学的饲料生产和供应体系，为生态养猪的健康发展提供安全、质优、价廉的饲料。

（4）建立和完善科学的饲养管理体系。猪群饲养管理的好坏也直接关系到生态养猪的生产经营效益。因此，必须建立和完善科学的饲养管理体系，对猪群实施科学的饲养管理，保证猪群发挥最大生长潜力，确保生态养猪获得最好的经济效益。

（5）建立和完善严密、可靠的卫生防疫体系。卫生防疫工作的好坏是生态养猪成败的关键。因此，从事生态养猪，卫生防疫显得格外重要，必须建立和完善严密、可靠的卫生防疫体系，严格执行的卫生防疫制度，确保猪群健康、无病，确保生产出的猪肉达到或超过规定标准。

（6）建立和完善环境保护体系、加强粪污处理利用、推进生态猪场建设。猪群的排泄物是猪场周边地区环境的最大污染源，周边地区环境的污染，对猪场直接构成巨大的威胁。因此，生态养猪首先必须重视环境保护，建立和完善环境保护体系，加强粪污处理和利用，从而实现生态养猪的良性循环，获取良好的经济效益和生态效益。

（四）控制成本，提高技术竞争优势

我国生猪养殖业已经形成了一整套完整的工艺流程和作业指导，缺乏专门技术人员的散养农户很难在养殖细节中全面实现生猪饲养的最大化效益。规模化生猪养殖企业在疫病防控、育种技术、营养技术、成本控制、精细化管理、药物残留控制具有较好的技术和管理积累，能够实现高效的综合成本控制及生猪品质的保障，进而形成市场竞争优势，因此规模化养殖具有较高的技术壁垒。

第二节　快速获利首选育肥猪

一、母猪－育肥一体化饲养模式优缺点

目前国内单纯以饲养母猪，然后通过扩繁母猪以及出售仔猪来获得收益的养殖群体比较少。在养殖母猪的过程中，需要一定的技术和管理经验，这样才能保证母猪的健康和仔猪的数量。大部分规模化猪场以母猪、育肥一体化的饲养模式偏多，从种猪育种、种猪扩繁、仔猪繁殖，一直到生长育肥都自己做。这些种猪场往往是以经营种猪为主，非种用部分育肥用；也有的种猪场有自己的父母代商品场或商品线。

其优势主要以下几个方面。

（一）收益稳定

母猪每年基本都可以产仔 2 次，每胎最少也要产 10 头左右的仔猪，这也说明母猪的繁殖能力非常强。而且母猪的生存期相对较长，1 头母猪可以繁殖 5 ～ 6 年，这样可以降低养殖成本，提高猪场的经济效益。自繁自养与育肥对比，就像中国市场与欧美市场的对比，区别在于是否掌握核心科技。因此只要资本足够，最终都会走上自繁自养的道路。原因之一就是，自繁自养模式代表成本控制权掌握在自己手中。

（二）种源有保证

可以从源头上把控品种的质量，可以根据自身要求去选留猪群，也就是一切的养殖技术和种源的纯正都能有效地把控，对于生产和销售来说，在养殖圈子中有很高的话语权和决策权。有时在外面买的仔猪没有病，在运输过程中可能感染了其他病毒。或者，在此过程中，由于压力会降低免疫力。到达自己的农场后，将无法抵抗养猪场的新环境或在运输中的无形病毒。自繁自养可以降低疫病风险，为猪群的整体健康做好准备。

如果从大型养猪场购买仔猪，仍然有一定的保证：如果批量购买仔猪，必须保证初期对仔猪进行的疫苗接种有效。如果进入养猪场后才进行防疫，就会带来许多不便。

（三）灵活生产

可以根据市场情况灵活调整猪群结构，或生产纯种猪，或生产二元母猪，或育肥。比如市场上猪苗价格高，可以卖仔猪苗，如果市场上仔猪苗价格便宜，可以育肥出栏商品猪，可根据行情，选择上半年卖仔猪苗，下半年生产的仔猪，1/2 育肥，1/2 卖小猪苗，减少因育肥带来的养殖风险。

（四）自繁自养，易于疫病控制

自繁自养的猪从一开始就是在微生物菌落群中生存（猪与微生物菌落群是共生关系），没有改换过其他外部环境，所以不容易生病。至于它不容易生病的原因就是，猪体内的微生物菌落群与猪圈的微生物菌落群相同，它们与猪形成了和平共生、相互依存的关系。

这种一条龙的饲养模式虽然有很多优势，但也有一定的小型养殖者很难突破的瓶颈，首先是资金的压力，养殖者一定要有雄厚的资金和场地，因为任何一个生产阶段都是一个系统的养殖管理，想要系统科学地养殖，没有充足的资金和环境是驾驭不了的。其次是投资周期长，养殖母猪的缺点是投资回报周期较长，因为母猪从配种怀孕到生产需要数月，在这期间需要养猪人有一定的时间，来建立起养殖管理制度，才能获得稳定的收益。

二、饲养育肥猪的优势

即专养育肥猪，是指养猪户从市场上或者从专业销售仔猪的猪场购进的断奶仔猪，养够整个育肥生产期。这种养殖模式优势是随行就市，行情好时养一批，不好时就不养，主要适合养殖耐心不好的养殖者，能赚就养。还有的就是有很好的对市场行情的把控，如果没有很好地把控就会赔进去，其实利弊同时存在。主要弊端在于缺乏核心的养猪技术。

育肥猪是指将肉猪作为养殖对象，它主要通过饲料、管理环境等方式，让猪快速生长，然后通过它的体重和产量来获取收益。

（一）投资回报周期短

育肥猪获取的养殖收益与母猪相比，投资回报周期相对较短，因为育肥猪的生长速度较快，一般在半年到一年之间就可以获得收益。如果它长势慢，做育肥优点短平快，在猪价刚起步时很容易盈利，甚至因为快速的变现模式不断刺激经营者，但要时刻保持清醒头脑，不要误判市场，避免踩雷，加上猪价还有将近 6 个月的滞后期，不要让表面上的狂欢换来一个隐形的猪价滞后陷阱。

（二）收益高

育肥猪养殖的优势在于投资少、周期短，而且风险较小。育肥猪的投资主要包括饲料、育肥猪的购买和养殖场的租金等，投资成本相对较低。而且，育肥猪的养殖周期相对较短，一般在 6 ～ 8 个月，可以更快地回收成本，获得更多的利润。育肥猪的收益主要来自出售肉猪。育肥猪的成本主要集中在饲料和养殖场租赁上，而且成本相对较低。我们在养育肥猪时，一般都会养很多，所以获得的收益也比较高。

三、小型养殖场育肥猪成本简析

（一）圈舍修建投入

一个 150 头生猪的养猪场，其场地建设要把储藏室、保管室、休息室、通道、消毒池、通风设施、环保处理等内容考虑进去，按每头猪需 2.5 ～ $3m^2$ 标准测算，养猪场总的占地面积需要 380 ～ $450m^2$，现以 $400m^2$ 来估算。

为保证生猪合理养殖密度，可按 $2m^2$/ 头、5 头 / 舍，圈舍总面积为 $300m^2$、圈舍间数为 30 间。

以此推算，猪场的场地建设上所需的投入很容易测算得出。如果场地为租用，农村土地的租金不高，按 500 元 / 年测算；在场地建设上，相对简易的猪场每平方米大概需要 500 元，则 $300m^2$ 的建设投入则在 15 万元左右。

（二）养殖设备投入

土建加猪舍大棚费用 50 万元左右；全场自动化料线费用 30 万元左右；刮粪机、漏缝板、集粪池、风机、水帘、料槽等费用 20 万元左右；水电、保暖等其他杂费 10 万元左右。

（三）猪苗的价格

南北方不同，不同年份差异也较大，根据未来行情的预测，逢低引进仔猪。

（四）饲料费用

现在饲料价格也是水涨船高，据不完全统计，目前的生猪配合饲料每斤（1 斤 =500g）需要 1.8 元左右；一头仔猪长到出栏需要饲料 450 斤左右，那么所需的饲料费用就是 810 元。则喂养 300 头猪所需要的饲料总体投入就是 24.3 万元。

（五）防疫及其他杂费投入

此项费用对于农村小型养猪场来说，不算太多，无非就是水电、扫帚等日常消耗品，全年就按 5 000 元估算。

（六）人工报酬投入

农村养猪，一般都是零星散养或小型圈养，使用自己的劳动力，基本不存在雇佣劳动力的情况，可以不予考虑其投入成本问题。但这里为了测算结果的相对准确，还是把人工报酬的费用测算进去，大体估算 2.4 万元左右。

农村小型养猪场主要的投入，基本是以上几个方面，合计喂养 300 头商品猪所需的总体投入大概是 98 万元左右。

（七）利润情况

若当前的生猪价格是 17.96 元 / 斤，在不考虑死亡率前提下，按 200 斤出栏的最理想状态下，喂养 300 头商品猪的毛收入是 107.76 万元。减去上述的总投入，则喂养 300 头商品猪的纯利润是 9.76 万元，可按此模式估算育肥猪利润情况。

由此看出，在理想状态下，目前小型猪场商品猪所能得到的平均纯利润是 320 元左右，要想使利润在稳定中有所提高，就需要对养殖各个环节把好关，使猪早出栏，多盈利。

第三节　如何让育肥猪快速出栏

一、确定育肥猪的出栏标准

很多育肥场的养猪老板都看中了商品猪“长肉快、周期短、来钱快”的特性，加上近几年国家对猪场环保要求的标准提高和非洲猪瘟绵延不断的影响，市场上猪肉的供应是比较紧缺的，很多业内人士认为后猪瘟时代猪价会飘红。那么广大的养猪朋友要如何养好猪，让猪更好地生长，快速出栏，首先要知道育肥猪出栏标准。

猪的出栏时间与养殖模式、养殖水平、市场行情等多种因素有关：全程放养一般 1 年左右可出栏，半放养一般 8 ～ 10 个月可出栏，全封闭饲养一般 5 ～ 6 个月即可出栏。猪并非养得越大越赚钱，通常长到 100kg 左右就可以出栏，近年来一些养猪水平高的企业，将出栏体重上移到了 120kg。如果市场行情好，预计后期会持续上涨，可适当推迟出栏时间，反之可提前出栏，以减少饲料消耗。育肥猪的体重达到 90kg 以上、市场价又很合适的情况下便可以出栏了。通常内二元猪 90kg，内三元、外二元猪 100kg，外三元猪 110kg 时就可以出栏。

二、育肥猪快速出栏方法

（一）控制育肥猪的饲养密度

一般可以根据育肥猪的体重来决定饲养密度，例如体重 15 ～ 60kg 的育肥猪占地 0.8 ～ 1.2m^2，60kg 以上的育肥猪占地面积为 1.0 ～ 1.2m^2，每个猪圈的猪只数量以 10 头左右为宜。

当然，具体的饲养密度还应根据各地不同的环境条件来决定，如果在北方养猪，就应适当地加大饲养密度，因为北方平均气温较低，气候较干燥，不调整饲养密度就会影响猪的正常生长发育或导致发生疾病，延长出栏时间。

（二）抓好品种和营养是关键

育肥猪要想获得最大利润，保证猪生长快、饲养周期短要做到“三好”：猪好、料好、圈好，即生猪品种好、饲料营养安全、养殖环境改善。

1. 猪好

现在市场上的生猪，大多是三元杂交品种，即杜洛克、长白和大白猪的杂交，养 160d 就可以出栏。利用地方品种进行杂交的猪，一般要养 180 ～ 200d，因为地方品种猪脂肪含量较高，肉的风味更好，但生长速度偏慢。所以要根据猪的价值方向选择品种。

2. 料好

饲料的选择、营养的搭配是保证猪能提早出栏的重要因素，在一些农村养猪场或一些小作坊仍旧喂糠麸或者粗纤维含量较高的饲料，那么猪表现为大肚子、长得慢、吃得多、拉得多，这对猪早出栏是极为不利的，要根据不同阶段（小猪、中猪、大猪，甚至公猪、母猪）营养需求，精细饲养标准，精准饲喂量，优质原料可以提高饲料转化率，猪全价配合饲料转化率达到 2.6∶1，真正达到少吃料，多长肉。

3. 圈好

圈舍的温度、湿度及通风管理都与猪的健康及出栏时间密切相关，通过改善养殖环境，实施畜禽粪污无害化处理，慢慢解决了重大疫病和抗生素残留等问题，猪的生长周期被缩短。

三、猪的消化生理

（一）概述

食物中的营养物质主要有蛋白质、脂肪、碳水化合物、水、无机盐和维生素等，其中水、无机盐和维生素的结构比较简单，可以直接被机体吸收利用，而蛋白质、脂肪和碳水化合物一般都是大分子物质，结构复杂，不能直接被动物利用，它们必须在消化器官被分解为简单的小分子，才能被吸收利用。食物在消化道内的这种分解过程称作消化。食物经过消化后，通过消化道管壁的黏膜进入血液循环的过程称作吸收。消化和吸收是两个密切联系的过程，完整的消化概念包括这两个过程。营养物质的消化和吸收主要在胃、小肠、胰及肝脏中进行。消化系统的容量、酶的分泌能力、小肠黏膜的吸收能力等影响动物的消化吸收能力。

食物在消化道内有 3 种消化方式，即物理性消化、化学性消化和微生物消化。物理性消化即机械性消化，在消化中发挥着重要作用，是指各段消化道通过收缩运动，包括咀嚼、吞咽和胃肠的运动等，将大块的食物磨碎，分裂为小块。增加食物与消化液的接触面积，有利于进一步消化；其次，由于胃肠的收缩运动，使已消化的营养物质能与消化道壁紧密接触，有利于消化产物的吸收。化学性消化主要指消化液含有的消化酶对食物的消化作用。动物的消化液包括唾液、胃液、肠液、胰液和胆汁等，其中除胆汁外都含有消化酶。这些消化酶都是水解酶类，可将结构复杂的大分子物质水解为简单的小分子物质，如蛋白质水解为氨基酸，碳水化合物（主要是淀粉）水解为单糖（主要是葡萄糖），脂肪水解为脂肪酸和甘油等。微生物消化是指消化道内的微生物参与的消化作用，对草食家畜特别重要。在猪的大肠内也存在微生物，并参与食物的消化过程。3 种消化作用互相联系，同时进行。

猪的消化器官由一条长的消化道和与其相连的一些消化腺组成。消化道起始于口腔，向后依次为咽、食管、胃、小肠（包括十二指肠、空肠和回肠）、大肠（包括盲肠、结肠和直肠），最后终止于肛门。消化腺包括唾液腺、肝、胰和消化道壁上的小腺体。消化腺合成消化酶，分泌消化液，经导管输送到消化道内，促使饲料中的蛋白质、脂肪和糖类发生水解作用。

（二）猪的消化道结构及其功能

猪对营养物质的消化吸收过程是通过消化器官、消化腺体、消化液和神经调节整体稳定控制完成的。消化器官主要有：口腔、咽、食管、胃、肠。消化液主要包括唾液、胃液、肠液、胰液、胆汁等。

1. 口腔

猪的口腔器官包括吻突、唇、腭、齿和唾液腺。食物在口腔内经咀嚼磨碎，降低其颗粒大小并混入唾液淀粉酶，形成食团，然后经咽部吞下。口腔前端以口裂与外界相通，后端通咽。口腔内面（除齿外）衬有黏膜，黏膜较厚，富有血管。口腔黏膜上有唾液腺的开口。口腔是消化系统的起始部，在这里主要进行物理性消化和部分化学性消化。物理性消化主要为进行采食、饮水、咀嚼、混合唾液和形成食丸向后推送。

2. 咽

咽位于口腔、鼻腔的后方，喉和食管的前上方，是一个呈漏斗状的肌肉囊，为消化、呼吸的共同通道。

3. 食管

食管是连接口腔和胃的一个肌肉发达的管道，食管的作用是直接把食物通过胸腔送入胃内，而不影响胸部器官的正常功能。

4. 胃

胃位于腹腔内，在膈和肝的后方，前端以贲门接食管，后端以幽门与十二指肠相通。胃有暂时贮存食物、分泌胃液、进行初步消化和推送食物进入十二指肠等功能。猪胃壁黏膜分为有腺部和无腺部，有腺部黏膜根据腺体不同分为贲门腺区、胃底腺区和幽门腺区，胃底腺是分泌消化液的主要腺体。无腺部靠近贲门，无消化腺，不分泌消化液。整个胃黏膜表面还分布黏液细胞，分泌黏液形成保护层，防止黏膜受胃酸的侵蚀。胃的主要功能是通过胃壁的紧张性收缩和蠕动将猪在胃内的食物与胃液充分混合，使食团变成半流体的食糜，便于化学性消化，并使胃内容物通过幽门向十二指肠移动。

5. 肠

肠起自幽门，止于肛门，可分小肠和大肠两部分，小肠分为十二指肠、空肠和回肠 3 个部分，大肠分为盲肠、结肠和直肠 3 段。

（1）小肠。小肠最长，管较小，是消化道中最重要的消化部位。肠壁黏膜形成许多环形的褶和微细肠绒毛，突入肠腔中，以增加与食物接触的面积。小肠部的消化腺很发达，有壁内腺和壁外腺两大类。壁内腺有肠黏膜的肠腺和十二指肠黏膜下层的十二指肠腺，壁外腺有肝、胰分泌的胆汁和胰液由导管通入。消化腺的分泌物中含有多种酶，能消化各种营养物质。十二指肠是小肠的第一段，较短，肝管和胰管即开口于此。空肠是小肠中最长的一段，也是食物消化和营养物质吸收的重要场所。回肠是小肠末段，较短，肠壁较厚，其末端开口于盲肠或盲结肠交界处。食糜中的各种营养物质在胆汁、胰液和小肠液中各种消化酶的作用下，分解成小分子物质，经小肠绒毛吸收进入血液和淋巴，供身体各部分利用。小肠黏膜具有很大的吸收表面积，因此小肠也是各种物质被充分吸收的主要场所。

（2）大肠。大肠黏膜中的腺体分泌碱性、黏稠的消化液，其中含消化酶很少。所以大肠内的消化主要靠随食糜带来的小肠消化酶和微生物的作用。食糜经过消化和吸收后，其中的残余部分进入大肠的后段。在这里，水分被大量吸收，大肠的内容物逐渐浓缩而形成粪便。

（三）猪的消化液及其功能

1. 唾液及在消化中的主要作用

唾液是腮腺、颌下腺和舌下腺 3 对主要唾液腺和口腔黏膜中许多小腺体分泌的混合液。唾液分为浆液型、黏液型和混合型 3 类。唾液为无色透明的液体，呈弱碱性。

唾液的主要作用如下。

（1）唾液含有大量的水分，可湿润饲料，便于咀嚼和吞咽，同时唾液溶解食物中某些可溶物质，从而引起味觉，促进消化液的分泌。

（2）唾液中的黏蛋白富有黏性，有助于咀嚼和吞咽。

（3）猪的唾液含少量淀粉酶，在适宜环境下将淀粉分解为麦芽糖。

2. 胃液及在消化中的主要作用

胃液是无色透明并带有一定黏性的酸性液体，pH 值为 0.5 ～ 1.5。除水分外，主要由盐酸、消化酶、黏蛋白和电解质组成。胃酸即指盐酸。胃液主要有以下几方面的功能。

（1）胃酸。①是胃蛋白酶原的致活剂。②维持胃内酸性，为胃内消化酶提供适宜环境，并使钙、铁等矿物质元素游离，易于吸收。③杀死进入胃的细菌，保护机体免受侵害。④胃酸的浸泡，可使食物中的蛋白质变性，有利于酶的消化。⑤胃酸进入小肠后，可促进胰液、胆汁的分泌，促进胆囊收缩胆汁进入小肠有利于小肠的消化。

（2）胃蛋白酶。将蛋白质分解成简单的肽和胨，主要作用于苯丙氨酸和酪氨酸的肽键。

（3）黏液。主要是糖蛋白，其作用为：①润滑作用，食物易于通过；②保护胃黏膜不受食物机械损伤；③黏液偏碱性，降低黏膜层酸度，防止酸和酶对黏膜的消化。

（4）内在因子。由细胞壁分泌的一种黏蛋白，可与维生素 B_{12} 结合成复合物，促进肠壁上皮对维生素 B_{12} 的吸收。

3. 胰液及在消化中的主要作用

胰液由胰腺分泌，通过胰管与胆管合并，由胆管口分泌入十二指肠。胰液是无色透明的碱性液体，pH 值为 7.8 ～ 8.4，其渗透压与血浆相等。胰液中除水（约 90%）外，还含有无机盐电解质和有机物。胰液的酶种类多，作用强，在消化中起主要作用。胰淀粉酶主要分解 α－淀粉；胰脂肪酶类将脂类分解成甘油一酯和游离脂肪酸；胰蛋白酶类主要是多种蛋白酶原，在胰液的肠激酶作用下激活，将蛋白质、肽分解成游离氨基酸。胰液还有中和作用，即胰液的碱性无机盐可中和胃酸，以维持肠内适宜的酸碱度，保护肠壁。

4. 胆汁及在消化中的主要作用

胆汁是橙黄色、有黏性、味苦的弱碱性液体，胆汁中不含消化酶，主要成分为胆色素、胆酸、胆固醇、卵磷脂及其他磷脂、脂肪和矿物质等。胆汁对消化的作用，是由胆酸盐来实现的。

胆汁的消化作用如下。

（1）参与脂肪的消化。胆汁可以激活胰脂肪酶；促进脂肪的乳化，以增加脂肪和脂肪酶接触的表面积。胆酸盐与脂肪酸结合，形成水溶性的复合物，能促进脂肪酸的吸收。

（2）促进脂溶性维生素 A、维生素 D、维生素 E、维生素 K 的吸收。

（3）胆汁中的碱性无机盐可中和一部分由胃进入肠中的酸性食糜，维持肠内的适当反应。

（4）胆汁能刺激小肠运动。

5. 小肠液及在消化中的主要作用

小肠液是小肠黏膜中各种腺体分泌物的混合。纯净的小肠液是无色的混浊液，pH 值为 8.2 ～ 8.7，含有重碳酸钠和多种消化酶。小肠液中含有种类齐全的消化酶，如肠肽酶、肠脂肪酶、分解糖类的酶以及分解核酸和核苷酸的酶等，其对饲料中营养物质的消化作用是十分全面而且彻底的，可将蛋白质、脂肪和碳水化合物水解为可被机体吸收利用的形式。

（四）消化后营养物质的吸收

饲料中营养物质在动物消化道内经物理的、化学的、微生物的消化后，经消化道上皮细胞进入血液或淋巴的过程称为吸收。在动物营养研究中，把消化吸收了的营养物质视为可消化营养物质。

各种动物口腔和食管内均不吸收营养物质，猪的营养物质主要吸收场所在小肠，吸收机制有以下 3 种方式。

1. 胞饮吸收

胞饮吸收是肠黏膜伸出伪足或物质接触处的膜内陷，从而将这些物质包入细胞内。以这种方式吸收的物质，可以是分子形式，也可以是团块或聚集物形式。初生哺乳仔猪对初乳中免疫球蛋白的吸收就是胞饮吸收，这对初生仔猪获取抗体具有十分重要的意义。

2. 被动转运

被动转运主要通过滤过、弥散、渗透等作用进行，是将消化了的营养物质吸收进入毛细血管和毛细淋巴管，进入血液和淋巴液。这种吸收形式不需要消耗机体能量。一些分子量低的物质，如简单多肽、各种离子、电解质和水等的吸收即为被动转运。

3. 主动转运

主动转运需要载体和消耗能量（ATP），是依靠细胞壁“泵蛋白”来完成一种逆电化学梯度的物质转运形式，即物质从浓度低或电荷低的一侧向浓度高或电荷高的一侧转运。这种吸收形式是猪吸收营养物质的主要方式。

四、猪的营养概述

养猪生产是将低质的自然资源或农副产品转变成优质动物性食品（猪肉）的理想途径，猪为了维持自身的生存和繁衍后代的需要，必须从外界环境中摄取所需要的营养物质。含有 1 种以上养分，能被畜禽采食、消化、利用，并对畜禽无毒无害的物质称为饲料。植物及其产品是猪饲料的主要来源。饲料中凡能被动物用以维持生命、生产产品的物质，称为营养物质，简称养分。饲料中养分可以是简单的化学元素，如钙、磷、钾、钠、氯、铁、铜、锰、锌、碘等，也可以是复杂的化合物，如蛋白质、脂肪、碳水化合物和各种维生素。按常规饲料分析方法，可将猪需要的营养素及饲料中存在的营养素分为六大成分，即水分、粗灰分（Ash）、粗蛋白质（CP）、粗脂肪或醚浸出物（EE）、粗纤维（CF）和无氮浸出物（NFE）。因每一成分都包含着多种营养成分，成分不完全固定，故又称之为概略养分。

（一）水分

猪机体和饲料中均含有水分，但猪生理阶段不同，饲料种类不同，其含量差异很大。构成机体和饲料的水分有两种存在形式，一种含于体细胞间，与细胞结合不紧密，容易挥发，故又称之为游离水；另一种是与细胞内的胶体物质紧密结合，形成胶体外面的水膜，较难挥发，故称之为结合水。

水是猪机体一切细胞和组织的必需构成成分，在机体所有化合物中，水的比例最大。水分布于各种组织、器官和体液中，体液以细胞膜为界，分为细胞内液和细胞外液。在健康猪机体中，细胞内液占体液的2/3，主要存在于肌肉和皮肤细胞中，细胞外液主要指血浆和间质液，约占体液的1/3，细胞内液、间质液和血浆之间的水不断进行着交换，保持动态平衡。

（二）粗蛋白质

粗蛋白质是指机体或饲料中一切含氮物质的总称。在含氮化合物中，蛋白质不是唯一含氮物质，核酸、游离氨基酸、铵盐等不是蛋白质，但它们也含有氮，为此将蛋白质分为两部分，即真蛋白质和非蛋白含氮化合物。在自然界中存在的真蛋白质中，含氮量平均为16%，因此，在常规饲料分析法中规定，用含氮量乘以6.25（N%×6.25）来计算粗蛋白质含量。

（三）粗脂肪

脂肪是指机体及饲料中油脂类物质的总称，包括真脂肪（甘油三酯）和类酯两类。在营养学研究规定的饲料分析方案中，是用乙醚浸提样品所得的乙醚浸出物。粗脂肪中除包括真脂肪外，还含有其他溶于乙醚的有机物质，如叶绿素、胡萝卜素、有机酸、脂溶性维生素等，故称之为粗脂肪或醚浸出物。

（四）粗灰分

粗灰分是指动植物体所有物质全部氧化后剩余的残渣，即动植物体燃烧后的灰分，主要为钙、硫、钠、钾、镁等矿物质氧化物或盐类，有时还含有少量泥沙，故称之为粗灰分或矿物质。

（五）粗纤维

粗纤维由纤维素、半纤维素、多缩戊糖、木质素及角质素等组成，是植物细胞壁的主要成分，猪体内不含有粗纤维。粗纤维在化学性质和构成上均不一致，纤维素可称之为真纤维，其化学性质稳定；半纤维素和多缩戊糖主要由单糖及其衍生物构成，但含有不同比例的非糖性质的分子结构，猪对纤维素、半纤维素、多缩戊糖的消化利用率很低；木质素则是最稳定、最坚韧的物质，不属于糖，化学结构极为复杂，至今尚未弄清楚，对猪无任何营养价值。

（六）无氮浸出物

饲料中除去水、粗灰分、粗蛋白质、粗脂肪和粗纤维以外的有机物质的总称，主要包括多糖、双糖和单糖。无氮浸出物又称易消化碳水化合物，猪的消化利用率很高。常规饲料分析不能直接分析饲料中无氮浸出物含量，而是通过计算求得。

无氮浸出物（%）=100 –（水分 + 灰分 + 粗蛋白质 + 粗脂肪 + 粗纤维）

常用饲料中无氮浸出物含量一般在 50% 以上，特别是植物籽实和块根块茎饲料中含量高达 70% ～ 85%，主要成分是淀粉。饲料中无氮浸出物含量高，适口性好，消化率高，是动物能量的主要来源。动物性饲料中无氮浸出物含量很少。

猪的营养就是指猪摄取、消化、吸收、利用饲料中营养物质的全过程，是一系列化学、物理及生理变化过程的总称。它是猪的一切生命活动（生存、生长、繁殖、产奶、免疫等）的基础，整个生命过程都离不开营养。

动物（猪）与植物（饲料）在化学组成上非常相似，含有 60 多种元素。在这些元素中，以碳、氢、氧、氮含量最多，占总量 95% 以上。矿物元素的含量较少，约占 5%。按化学元素在动、植物体内含量的多少，可分为常量元素和微量元素两大类。动植物体内含量不低于 0.01% 的化学元素称为常量元素，如碳、氢、氧、氮、硫、钙、磷、钾、钠、氯、硅、镁等；动植物体内含量低于 0.01% 的化学元素称为微量元素，如铁、铜、锰、锌、碘、硒、钴等。实验证明组成动物、植物细胞的化学元素种类基本相同，但含量略有差异。

饲料在生猪生产中占总养殖成本的 65% 左右，因此，给猪提供何种饲料关系着养猪盈利的多少，是生猪生产获得效益的关键所在。

五、猪的营养需要及饲养标准

猪为了生存和生长等生产活动，需要不断从饲料中摄取各项营养物质。而这些营养物质被消化吸收后，首先用于维持正常的体温、血液循环、机体代谢等必要的生命活动消耗，然后再用于生长、育肥、妊娠、泌乳等各项生产需要。因此，猪的营养需要是指达到期望的生产性能时，每天每头猪对脂肪、蛋白质、矿物质和维生素等各种营养物质的需要量。

猪的饲养标准是根据大量试验结果和动物生产的实际，对猪所需要的各种营养物质的定额作出的规定。饲养标准是动物营养需要研究应用于动物饲养实践的权威表述，反映了动物生存和生产对饲料及营养物质的客观要求，高度概括和总结了营养研究和生产实践的最新进展，具有很强的科学性和广泛的指导性。它是动物生产计划中组织饲料供给、设计饲料配方、生产平衡饲料以及对动物实行高效饲养的技术指南和科学依据。

随着动物营养学家对猪的营养需要的研究不断深入，饲养标准也在逐步发展和完善，所考虑的营养元素也在不断增加，猪的阶段划分也更加细化，最终目的都是满足猪的最佳营养需求，用最低的生产成本来创造最大的养殖效益。目前，在养猪生产实际中常采用的营养标准有美国的NRC标准、法国的ARC标准及中国地方品种猪标准等。

第二章

猪场建设及规模选择

第一节　猪场位置及合理化布局

一、常见猪舍对比介绍

（一）开放式猪舍

通常的开放式猪舍为三面有墙的小屋，坐北朝南，南面敞开，只建1.2～1.5m高的矮墙，一般圈长3～3.5m，宽2～2.5m，没有运动场，冬季阳光可照到舍内后墙。猪舍内靠北墙为走廊，南部为猪床，走廊与猪床用水泥长饲槽隔开。这种猪舍建造方法都相对简单并且节省材料，只要盖一圈半高的围墙，或者是木栏，成本低，材料便宜。而且圈舍内采光好，空气质量也好，舍内的有害气体随时排出，不会对猪只造成影响。

猪舍内地面北高南低，坡度为10%～20%。南墙下舍内地面最矮处留地漏作排尿口，放铁篦，使其只能流出尿而不能进粪，排尿口与墙外排尿沟相连。舍外的排尿沟，是贴近南墙根的用水泥板盖上的30～40cm宽的暗沟，直接通向尿池。在舍内南墙根的排尿口上方留40cm见方的出粪口，斜向外上方经墙外排尿沟的上方进入粪池。出粪口的外口在南墙根外有用铁片做的门帘，防臭气进入。粪池内只存一两天的粪便，饲养人员可在舍外清粪，对猪舍污染较少。

但是这种开放式的圈舍，受环境影响的因素是最大的，气温变冷或者变热都会对猪造成影响，尤其是下雨刮风的天气。所以很多人会再封个顶，然后墙壁一面或者三面全盖上。

此类猪舍由于不封闭，猪舍内的气温不会受人为控制，是随着自然界变化而变化的，尤其是在寒冷的北方，对猪只的健康和生长会造成很大的影响。而且占地面积也相对比较大。综上所述，开放式圈舍适合温度温暖的南方地区，而且饲养规模不大的养殖户。

（二）半开放式猪舍

半开放式猪舍是介于开放式猪舍和封闭式猪舍之间的一种猪舍。根据屋顶的形式分为单坡式和双坡式两种。半开放单坡式和双坡式猪舍与开放式的基本相同，所不同的是半开放式猪舍前部与外界部分相通，半敞开。其保温性能略优于开放式。猪舍的墙体东西两侧山墙及北墙均为完整至屋顶的墙体，南侧墙体多为1m左右高的半截墙，半截墙上方有通风口，北方寒冷地区有的装上玻璃，冬季如在半截墙上挂草帘、布帘或钉上塑料布，能明显提高其保温性能，南方可挂上防风帘，有一定的防寒作用。

（三）大棚式猪舍

所谓大棚式猪舍就是建造出猪舍的轮廓，将四周用塑料膜进行覆盖，为了保证屋顶的结实，可以用塑料膜包裹，之后再在上面放置一些稻草等，防止阴雨天气或者雨雪天气破坏塑料膜。大棚式猪舍最大的优点是建设成本低、采光性好、日常的消毒防疫特别方便彻底。

但是大棚式猪舍的缺点也非常明显，与其他封闭式猪舍相比，塑料大棚的保温性能要差很多，尤其是到冬季，白天采光性特别好，但到了晚上温度就会降低很多，形成昼夜温差相当大，对于仔猪来说根本承受不了这么大的温差，很容易发病，而对于大猪来说，虽然有的不会发病，但也会造成生长速度减慢，增大料肉比，变相增加了饲养成本。

大棚式猪舍的湿度也很大，因为塑料布不透水，舍内的水汽无法排出，只能在舍内反复循环，因为塑料膜不透水，很容易造成猪舍的潮湿，引起感染。

（四）封闭式猪舍

1. 单列封闭式猪舍

所谓单列封闭式猪舍就是将所有的猪排放成一列，靠北墙边，或者靠近路边，而另一边则是污染区域。简单来说，就是一排是养猪的干净区域，另一排则是处理粪便的污染区，区域两边互不干扰，不会造成影响，并且成本较低。可是这种建造模式也有它的缺点，虽然采光性很好，并且通风性也很好，但是对于比较寒冷的地方，其保温性不够。适用于冬季不是很冷的地区。

2. 双列式封闭猪舍

猪栏排成两列，中间设过道，而两边则进行猪群的养殖，这种建造模式布局比较集中，节约养殖场的面积，方便管理，利用率高，保温较好。但这种规模的猪舍也有缺点：尽管便于管理，并且占地面积的利用率很高，但是很容易造成猪舍潮湿，潮湿的环境非常容易滋生细菌，增加猪群感染的可能。所以在养殖过程中，一定要注意环境卫生，安排专人每天至少两次打扫猪舍，由于这种格局采光、防潮不如单列式，所以它更适用于冬季寒冷的北方。

3. 多列封闭式猪舍

猪栏排列成三列或四列，在每两列中间设置走道，可以设 2～3 条走道，显而易见，这种建造规模的成本比较高，并且它的结构非常复杂。但是它的优点却是保温性非常好，不管是春夏秋冬，都不用担心猪群发生感冒。正因为保暖性非常好，所以在通风降温时就会比较困难，通常在养殖场内安装一定数量的排风扇，有利于空气的流通，这样就会减少细菌的繁殖。

4. 楼房养猪

楼房养猪近几年成为养猪企业新的探索饲养模式。下面介绍一下楼房养猪的利弊。

（1）主要优势。

①节约土地资源。设计楼房养猪的主要目的是把猪舍开发成纵向空间，节省大量土地资源。如果一个万头猪场的猪舍建筑面积为 6 000m^2，采用四层建筑，每层 1 500m^2，可以节省建筑空间 4 500m^2。有了猪舍之间的隔离带，至少可以节省 10 000m^2 的建筑空间。以前建一个万头养猪场需要 50 ～ 60 亩（1 亩≈666.67m^2）。楼房养猪需要 15 亩土地。

②有利于环保。养猪破坏环境，造成污染。许多大型养猪场的环保压力非常突出。目前粪便处理的一次性投资大，运行成本高。在地方政府和企业的共同投入下，一些问题得到了解决。发酵床养猪解决了农村小型养猪场和小型商品养猪场的一些问题，但在规模化养猪场存在一定的困难。因此，养猪的环保问题已经成为制约生猪养殖发展的瓶颈。楼房养猪可以减少环境污染的面积，可以集中处理粪便。也是养猪发展的一个优势，现阶段很重要。

③高层建筑通风采光好，能有效防止病菌传播。夏天门窗全开，上层通风通透，空气清新凉爽。北方，冬天门窗紧闭，薄膜扎紧，及时清理排泄物并控制冲水，吊顶御寒，加强保暖。

（2）楼房养猪的弊端。

①前期投入成本过高，当下养猪业也是一个竞争激烈的行业，利润会越来越小，尤其对于育肥猪的饲养，饲养规模与生猪行情密切关联，在行情低迷情况下无法快速回笼资金，同样楼房养猪的高投入与现在养殖企业追求的“轻资产”相违背。

②由于建筑紧凑，容易造成干净道路和肮脏道路的混淆，造成污染。疫情不好控制。

③就非洲猪瘟来说，目前虽然对其防控有一定成效，但是还仅仅是局限于生物安全，时不时会有猪场出现问题，而每一次发病，猪场都要面临比较严重的经济损失。

④平房养猪，猪群生活在不同的圈舍中，每栋猪舍之间都存在天然屏障，即便有病毒传入，也可以通过检测等进行精准防控。而楼房养猪，猪群都集中在一栋猪舍内，养殖密度大，猪群之间互相接触也难以避免，一旦发病将会是

毁灭性的打击，其疾病防控难度更高，疫病风险更高。

⑤猪的呼吸道疾病严重。由于建筑物内猪的密度过高，猪过于集中，猪舍内有害气体浓度过高，猪生活在恶劣的环境中，容易引起猪的呼吸道疾病。

二、新建猪舍的要求

（一）建设场地选择基本要求

1. 地理位置选址要求

对于养猪场而言，选择的第一要素就是场地的选择。其中一个基本的要求，场地要达到基本的平整，而且建设的面积与规划面积要大，这样可以根据规模更有力扩展。保证养殖场整体的合理规划，土地的利用率更高。另外一点养殖场地质要稳定，保证土质比较硬，降低基础施工成本。第二要素，选址尽量要选择背风点，建设方位背靠遮风是最好的，这样猪舍内可以进入更多阳光。还有一个要素就是地势，一定要高一些，避免大量积水进入，可以防止洪水的侵袭。

2. 生物安全要求

猪场场址的选择必须符合人畜相处的公共卫生和生物安全要求。应选择在城镇居民区常年主导风向的下风向或侧风向处，为了避免气味、废水及粪肥堆置而影响居民区环境，必须距离村镇居民点、集贸市场以及工厂或其他畜禽场1 000m以外。要避免人畜争地，可选择荒坡闲置地。最好选择场址周围有广阔的种植区域，可保证较大的粪污吸纳量及建设配套的排污处理设施场地，使有机废弃物经过处理达标后能够循环利用。禁止选在旅游区、自然保护区、人口密集区、水源保护区、国家基本农田保护区、环境公害污染严重的地区及国家规定的禁养区。出于防疫考虑，新建猪场不宜选在发生过疫病的旧场或附近疫情复杂的地方。

3. 土地性质及规划

猪场选址前要先去当地土地管理部门了解土地性质，不能占用基本农田，不能随意更改土地的用途。选址还要及早了解当地未来是否有重大项目规划，避免与政府的项目有冲突，以免面临拆迁带来的风险，对生产产生影响。禁止在国家规定的禁养区，比如：旅游区、自然保护区、水源保护地、基本农田以及环境公害较为严重的地区建场，建设猪场前可以去当地的环保、土地管理部门咨询预选地是否可以建设养猪场。

（二）水和电力必须达标

1. 饮水要求

对于养猪场而言，对于水的要求必须有，而且必须符合饮水的标准。最基本的是要有地下水，对于养猪或人饮水是最为理想的水源。另外，必须要保障有充足的水源，否则猪场无法正常经营。所以，在选址时一定要将水源地考察纳入其中。

2. 电力要求

电力的保障，必须保障有动力电，也就是 380V 电力基础，而且这个变压器配置容量也足够。因为涉及猪场的饲料加工、仔猪采暖、通风降温等必需的用电设施。按照常规计算，100 头猪，需要 5 000VA 容量的变压器。根据实际的用电设备选择，还要考虑通电缆条件是否允许。

3. 日常安全用电保障

（1）安全用电。

电力在给养猪场带来便利的同时，也会给养猪场带来极大的安全隐患。因此，大多数养猪场用电的首要重点是保证用电安全。具体方法是在养猪场主电源的面板上安装漏电保护开关；专用电器必须有专用保护开关。这样可以更好地保障养猪场的用电安全。

（2）选择合适的电线。

很多养猪户都没有专业电工知识，不知如何选择电线。很多养猪户去五金电器店采购电线都是基于一个模糊的概念。这里有一个非常简单实用的经验。一般家庭或者养猪场用电，按照 1kW 买一根方铜线即可。

线路短，临时使用，暂时可以用小一点的线径，但是要注意周围一定不能有易燃物品，否则超负荷就会烧坏。当然并不鼓励这样使用电线。

（3）如何快速排除线路故障。

养猪场用电很随意。太热就加风扇，太冷就加电热板或者红外灯，维修或者做新设备。角磨机和电焊机放在一起，诸如此类。再加上饲料间环境不理想，高温高湿是常有的事。再加上氨气等，比工厂和居家环境腐蚀性强。在这里突然“没电”是常有的事。用电笔检查，如果相线被切断，保险丝断了，很快就能检查出来。

但是还有一种情况，就是用电笔测试，电是有的，此时就有点“难办”了。其实只要再测一次零线，只要回路中有负载，此时不仅相线有电，零线也有电，十有八九零线断了，而且往往是在安全的地方，或者在一些布线的地方。

（4）经常清洁设备。

很多养猪户认为没有必要经常清洗设备，其实不然。养猪场很多人用的是有线开关，而猪圈用的更多的是插座。在南方，这个小空间往往是许多小动物的舒适区。清洗必须定期开启，消除隐患。平时你不会发现什么，一旦遇到阴雨潮湿的天气环境，就会给你带来麻烦。

（三）交通运输是否方便

猪场建设还有一条就是运输是否方便。因为养猪场内涉及饲料运输、防疫药品、猪粪及猪买卖等，这些必须有方便的道路。猪场通往外界的道路一定要方便，大小车辆都可以顺利通行。距离国道不要太远，建议选择在 5km 以内，方便运输。

在保证交通方便的情况下，应合理确定猪场场址与交通道路的距离。要求猪场距铁道和国道的距离不少于 2 000 ～ 3 000m，距省道不少于 2 000m，县乡和村道不少于 500 ～ 1 000m，与居民点距离不少于 1 000m，与其他畜禽场的距离不少于 3 000 ～ 5 000m。周围要有便于生产污水进行处理以后（达到排放标准）排放的水系。猪场通过专用道路与公路相连，避免将养殖区连片建在紧靠主要公路的两侧，避免噪声和病原微生物的污染。如果利用防疫沟、隔离林或围墙等屏障将猪场与周围环境分隔开，则可适当减少这种间距，以方便运输和对外联系。

（四）生态环境保护问题

生态环境保护非常重要，养殖场肯定是有一定的污染问题。另外，还有禁养区的规定，这些都是为了保护生态环境。对于新规划的养殖场而言，它对周围的村镇、河流、农田以及大气产生影响。其中禁养区范围内绝对不能建设养殖场，一定要遵守。距离村庄 500m 外才可以建设养殖场，还有水源保护区要远离 3 000m 以外。

1. 合理分配和利用饲料

在养猪过程中，正确的饲料配比可以减少因为饲料过量造成的浪费，同时也可以降低猪只对环境造成的污染。此外，减少草料的占比、增加精饲料的使用量会有助于改善猪只的健康状况，从而减少养猪场的废气、废水排放量。

2. 优化养殖设备

优化养殖设备也是保护生态环境的重要措施之一。目前，许多养猪场都采用隧道养殖模式，这种模式可以减少废气和废水的释放。同时，安装分散通风和动态管理系统等设备，也可以帮助控制废气和废水的排放，从而减轻养猪场对周边生态环境的影响。

3. 设立污水处理设施

随着环保意识的提高，越来越多的养猪场开始建造污水处理设施。通过处理，废水可以被净化，减少或消除对周边水体的污染影响。目前，常见的污水处理方法有物理处理、化学处理和生物处理等，养猪场可以根据自身情况选择合适的处理方式。

4. 开展科学管理和监测

科学的管理和监测也是保护生态环境的关键措施。养猪场可以加强管理，建立健全的档案管理系统和流程管理系统，及时对育种进度、饲料配比、排放情况等进行监测和数据分析，从而及时发现和解决问题，减轻养猪场对周边生态环境的污染。

5. 其他可行措施

除了以上措施，养猪场还可以采取其他措施，如采用农业循环模式，即将废弃物处理成肥料再用于农田，减少浪费并为农业生产作贡献。此外，建立公开透明的监督机制，加强社会监督，也可以提高养猪场的环境保护意识和管理水平。

（五）动物防疫问题

防疫是养猪场建设选择过程非常关键的要素之一，我们都知道“非洲猪瘟”对整个生猪养殖行业伤害情况。对于猪场选址而言，应尽量选择比较偏僻的地区，最好四周有些屏障，如高山，并且需要远离屠宰场、居民区、道路的主干道等。而且一定要距离其他养猪场在 2km 以上，降低疫情的传播性。另外，养殖场的道路避开居民日常出行的道路，也是降低疫情传播的途径。有条件的，养殖场建设高墙、防疫沟等设施，降低疫情传入猪场风险。

（六）建筑物布局

猪场建筑物的布局在于正确安排各种建筑物的位置、朝向、间距。布局时需考虑各建筑物间的关系、卫生防疫、通风、采光、防火、节约占地等。生活区与生产管理区和场外联系密切，为保障猪群防疫，宜设在猪场大门附近。门口分别设行人、车辆消毒池，两侧为值班室和更衣室。生产区各猪舍的位置考虑配种、转群等联系方便，并注意卫生防疫，种猪、仔猪应置于上风向和地势高处。繁殖猪舍、分娩舍应放在较好的位置，分娩舍要靠近繁殖猪舍，又要接近仔猪保育舍，生长猪舍靠近育肥舍，育肥舍设在下风向。商品猪置于离场门或围墙近处，围墙内侧设装猪台，运输车辆停在墙外装车。病猪隔离区和粪污处理应置于全场最下风向和地势最低处，距生产区应保持 50m 以上的距离。

道路对生产活动正常进行、卫生防疫及提高工作效率起着重要的作用。场内道路应净、污分道，互不交叉，出入口分开。净道的功能是人行和饲料、产品的运输，污道为运输粪便、病猪和废弃设备的专用道。

绿化不仅美化环境，净化空气，也可以防暑、防寒，改善猪场的小气候，同时还可以减弱噪声，促进安全生产，从而提高经济效益。因此在进行猪场总体布局时，一定要考虑和安排好绿化。

三、猪舍栏位的合理配置

育肥猪生长速度较快，一般经过 16 周便可出栏，是养猪户获取经济利益的重要阶段。育肥猪圈舍以饲养 10 头猪为好，太多不好管理，太少浪费场地，肥猪不需要太大活动场地，首先我们得知道，1 头育肥猪占位多少。一般 1 头育肥猪需要 $1m^2$ 左右的空间，1 个栏位养 8 ～ 10 头猪比较适合，这样我们就可以算出 1 个育肥栏位的平方米数。两排栏位过道距离设置在 1m 及以上，然后根据整栋育肥猪舍长度、宽度来规划即可。

为了保证每头猪都有足够的采食位置，育肥猪舍的合适尺寸一般可以设置成 5m×2m，5m 长的食槽一般可供 10 头猪采食；而每栏的面积一般可以设置为 $10m^2$ 左右，这样每栏可饲养 8 ～ 10 头猪（一般是从一窝中挑选出来的较弱小的猪），剩下的集中在一起育肥即可。育肥猪猪舍的围栏应该在 1m 左右，0.8m 稍微矮了些，有可能会爬出来，育肥猪单栏尺寸，长度 3.5m，宽度 2m，总面积 $7m^2$。为减少猪群周转次数，往往把育成和育肥两个阶段合并成一个阶段饲养，生长育肥猪多采用地面群养，每圈 8 ～ 10 头，每头猪的占栏面积和采食宽度分别为 0.8 ～ $1.0m^2$ 和 35 ～ 40cm。

猪舍用 1 寸（1 寸约为 3.33cm）管、6 分管与 4 分管、6# 筋国标管做围栏，围栏用 1 寸管、6 分管与 4 分管、6# 筋国标管来焊接栏，仔猪护栏栏门的双面都用插销，并且用统一的模具焊门，可任意安装。

对于猪舍门尺寸，不同体格的猪应设计不同尺寸的猪圈门，具体数据参考如下。

（1）大猪猪圈门尺寸：高度为 0.9 ～ 1m，宽度为 0.7 ～ 0.8m。

（2）小猪猪圈门尺寸：高度为 0.8 ～ 1m，宽度为 0.6 ～ 0.7m。

（3）公猪猪圈门尺寸：高度为 1.3m，宽度为 0.7 ～ 0.8m。

（4）仔猪出入口尺寸为 0.3 ～ 0.4m。

第二节　猪舍设备的选择

随着养猪业的迅猛发展，猪的品种也在不断地更新迭代，生长速度加快，二元母猪已成为主流，但是有些猪场的硬件设施与饲养水平却跟不上时代的步伐，影响了猪的出栏时间，对于中小型育肥猪舍而言，与生产效率最为密切相关的主要有地板、饲料线、饮水系统、排污系统等。

一、育肥猪地板的选择

（一）泥土、沙石圈舍

泥土猪圈是最早农村养猪时普遍使用的，由于多数猪圈有一半地方是露天的，一到下雨天，猪圈内特别泥泞，也影响猪的活动和采食。现在不管农村还是规模场，单纯使用这种最普通的泥土猪圈的很少，猪场运动场可以考虑使用泥土、沙石。

1. 优势

造价便宜，就地取材，保温，材质柔软，不损伤猪蹄，而且泥土中有大量的微量元素，猪有拱土的习惯。

2. 劣势

清扫不便，粪便不好处理，不坚固，容易变形，不好排水，另外，泥土地病原体较多，不利于疾病防控。

（二）砌砖地面

1. 优势

砌砖地面就是使用建造房屋的砖头垒成，取材方便，铺设简单。硬度比水泥软，肢蹄受损稍轻。

2. 劣势

硬度不足，而且容易破损，地面经常坑坑洼洼，不利于清粪，且需要经常替换修补。

（三）水泥地面

水泥地面是现在散养猪场普遍使用的一种材质，主要在肥猪圈和妊娠小圈使用较多。

1. 优势

坚硬不易损坏，平整利于清扫、消毒，排水方便。

2. 劣势

第一个缺点就是水泥地面太硬，肢蹄较弱的品种的猪可能会引起肢蹄病。例如，长白猪初次进入中国时，由于肢蹄病而难以推广。第二个缺点是水泥地面与土壤地面相比较缺乏营养。在20世纪60—70年代，我国在水泥地面产仔的猪，就得过缺铁性贫血。但相比较，土壤地面含丰富的微量元素，故而未发生过此类问题。第三个缺点是水泥地板的导热性很强，这对怕冷的仔猪是非常不利的。而潮湿的水泥地板的导热性更强，当有刚转入的仔猪时，很容易引起仔猪的消化不良，以致腹泻。而且由于水泥地板的有效温度低，仔猪的免疫力降低，还可能引起许多疾病。

此外，尽管水泥地面相比土壤地面和砖地面更便于消毒，但是水泥地面是用水泥和沙子混合而成的，沙粒之间有许多小坑，这些小坑中的垃圾往往非常多，很难清理。

猪群正常时问题不大，但如果是生病的猪圈，则必须彻底清洗消毒。考虑到普通的消毒方法所达到的效果是无法检查的，我们采用碱石灰对养猪场进行消毒，无论喷在哪里，都会有明显的喷洒痕迹，方便检查消毒效果。

但相比来说，水泥地面的优点还是多于缺点的。只要我们能够灵活地避免这些缺点，水泥地板仍然是养殖育肥猪的不错选择。

（四）发酵床

1. 优势

（1）环保。发酵床养猪技术是利用垫料中活性有益微生物对猪只排泄物进行原位分解发酵，无须冲洗猪舍，减少氨、氧化亚氮等臭味物质的产生和挥发，猪舍内无臭味，提高了猪舍的卫生水平。

（2）省料。由于饲料的可消化性和猪的消化能力有限，饲料经过其肠道，并未完全被利用，以营养丰富的粪便排出体外，被功能微生物分解，当猪再次拱食时，就能充分提高饲料的利用率。

（3）节能。猪粪尿与垫料的混合物在微生物的作用下迅速发酵分解，产生热量，中心温度可达40～50℃，表层温度能维持在25～30℃，能很好地解决猪舍的冬季保温难题，节约了能源。

（4）节水。常规养猪，需大量的水来冲刷水泥地面，发酵床养猪仅需满足猪的饮用水，能节约80%的水分。

2. 劣势

（1）垫料资源匮乏。目前推广的成熟技术是使用锯末作主要垫料，但是随着我国木材的限制采伐和该技术推广面的扩大，锯末资源有限，如果大面积采用微生物发酵床技术，对垫料资源的需求将是一个极其庞大的数字，必将对木材相关行业或谷壳的市场供应形成巨大的影响。

（2）存在疾病隐患。发酵床养猪的关键是要维持有氧发酵，这需要对床面进行良好的日常维护和管理，对菌种定期补充；如果管理不善，就有可能发霉，垫料中若存在霉菌毒素，猪就不可避免地会接触到，猪采食霉菌毒素后，会引起免疫抑制，抵抗力下降。

（3）不能用化学消毒药品。在用发酵床养猪法养猪时，猪舍内不能使用化学消毒药品与抗生素类药物，否则会杀灭和抑制微生物的生长与繁殖，严重降低微生物的活性，会让发酵床养猪的效果大打折扣。

（4）疫病控制困难。在发酵床养猪的模式下，当猪场发生蓝耳病（猪繁殖与呼吸综合征）、圆环病毒等病毒性疾病，或口蹄疫、猪瘟等烈性传染病时，不能使用化学消毒药品，单纯靠隔离治疗疫病，收到很好的效果。

（5）建设及养猪成本高。使用发酵床来养猪时，猪舍占地面积较大，$100m^2$ 只能养 50 ～ 70 头猪（每头猪占地面积 $1.5m^2$），目前规模化养猪可饲养 100 头，现有猪舍不能使用，需要花费一定的改造费用。用发酵床养猪可以降低养猪成本，但有时饲养管理方法不当，却未必能将成本降下来。有些发酵床养猪法的推广者强调一次性喷洒菌液可以维持很长时间的菌种生长。要知道菌种的生长是和垫料的组成以及温湿度直接相关。

（6）猪只生长发育迟缓。在发酵床养猪模式中，夏季猪舍内温度过高，影响猪的生长发育。发酵床养猪猪舍内发酵起来温度太高，夏天不利于猪的健康生长。在气温本来就高的南方地区，用发酵床来养猪时，发酵散热表层温度不高，使猪舍内的环境温度上升，就会出现猪只生长缓慢、饲料报酬下降的问题。

（五）复合漏缝板

复合漏缝板材质一般是采用多种原料，如树脂、碳酸钙、玻璃纤维等，并将各种添加剂和颜料均匀混合，经过高压后制成。复合漏缝板综合了塑料和铸铁的优势，比铸铁的质量轻，比塑料抗压能力强，不像塑料用时间长了起刺、老化、变滑，同时兼顾保温和散热性能，可以抵抗大多数消毒剂腐蚀，使用寿命长达 20 年以上。但是复合漏缝板价格要比一般的铸铁和塑料漏缝板贵一些。

现代化猪场中复合漏缝板的应用广泛，可用于母猪、仔猪、保育以及育肥猪，其优势在于复合漏缝板地面温差小，可以有效避免猪群肚子受凉带来的病症，表面有防滑纹理，便于清理，一套高压水枪就可以完成清洗，规格也可以根据需求进行定制，安装非常方便，节省劳动力。

1. 优势

（1）卫生保证。因为猪的排泄物和尿液都往下漏，漏缝板减少猪与粪便和尿液接触，保持清洁。

（2）节省人力。粪便和尿液泄漏到地板上，厚厚的沉积物对猪的健康没有太大影响。打扫之前可以等待更多的时间。另外，清洁过程中不需要躲避猪，可以节省很多能源。

（3）有助于预防疾病。猪舍清洁卫生，减少猪群感染的机会，缩短出栏时间。

（4）提高圈舍温度。也就是说，因为热量从下往上扩散，网床的温度高于地面。另外，水泥地面是凉爽的材料，温度降低 5℃，网床的温度只降低 2℃，相对来说，板底比较好。

2. 劣势

（1）费用高。即使使用便宜的板材，也增加育肥猪的投资。这是养殖户考虑的主要问题。

（2）浪费饲料。这种现象在小猪阶段也存在，但在育肥阶段会更加明显。特别是如果槽设计不当，浪费将更加严重。在清理粪沟时会发现形成很厚的残料。

（3）人员管理问题，清理不及时反易生病。这个问题主要发生在冬季的饲养中，由于没有及时清除粪便和尿液，舍内的有害气体浓度太高，猪的密度高，容易发生呼吸道疾病。

（4）漏缝板的质量参差不齐。例如，缝隙的大小不同，大的缝隙会夹住蹄子并受伤。小缝隙起不到漏粪的作用。另外，个别漏缝板的毛刺也会导致猪只受伤。

了解漏缝板的优缺点，我们应该在生产中找到相应的措施，使优势更加明显，并将不利影响降至最低。另外，如果有些板材漏缝板由化学物质制成，很容易着火。火灾通常与电力有关。我们多次遇到在板子底部燃烧母猪和仔猪的现象，水泥地上没有这种问题。

（六）水泥漏缝板

水泥漏缝板在小养殖场的使用比较广泛，水泥漏缝板自重大，牢固，承重强，使用年限比较长，价格是比较便宜的一种。其劣势在于水泥吸水性强，水泥漏缝板易受潮滋生细菌，猪群趴在水泥漏缝板上易发生腹泻，给猪群健康带来威胁，出猪后增加人工劳动清理难度。使用过程中常见问题是板条边缘破损、板条表面磨坏，与混凝土强度、耐磨性能不足有关。出现这种情况对猪的肢蹄损伤很大，一般我们通过以下几点来判断水泥漏缝地板是否符合要求。

1. 材料选择

采用的水泥、钢筋、沙子、石子符合国家规范要求。普通钢筋混凝土采用C35/C45，预应力钢筋混凝土采用C45/C55。水灰比不大于0.45。

2. 规格尺寸

欧盟出于动物福利角度考虑，对漏缝板缝隙宽度、板条宽度有详细要求。最大漏缝板缝隙宽度要求：未断奶仔猪11mm、保育猪14mm、育肥猪18mm、母猪20mm。

板条最小宽度要求：未断奶仔猪及保育猪50mm、育肥猪及母猪80mm。美式漏缝地板板条缝隙则相对较宽，美国中西部规划服务标准MWPS-8漏缝板规格如表2-1所示。

表2-1　美国中西部规划服务标准漏缝板规格

猪只类型	板缝宽（mm）	水泥板条宽（mm）
育肥猪	25.4	150～200
妊娠母猪/公猪（大栏）	25.4	150～200
妊娠母猪/公猪（限位栏）	25.4	100

板条形状应有利于粪便落下，板条的边缘要光滑以免损伤猪只肢蹄。板条上表面要尽量平，平整度误差不大于3mm，但不要太过光滑。漏缝板整体不要有毛边和明显突出，漏缝板表面不要有大于0.1mm的裂缝。

近年来，考虑到母猪的清洁，也开始在母猪限位栏后部和产床母猪部分采用三棱钢漏缝地板。产床母猪部分多采用铸铁漏缝地板，产床仔猪部分和保育舍适合采用塑料漏缝地板，应注意铸铁和塑料漏缝地板的强度与是否方便清洁。

育成育肥栏有多种形式，其地板多为混凝土结实地面或水泥漏缝地板条，也有采用1/3漏缝地板条，2/3混凝土结实地面。混凝土结实地面一般有3%的坡度。育成育肥栏的栏高一般为1～1.2m，采用栏栅式结构时，栏栅间距8～10cm。

关于猪舍地面板的选择，要根据自家猪场的实际情况及预算进行合理安排选择，漏缝板的使用在粪污清理上带来了诸多方便，对提高猪场效益也有着一定作用。不过，这对漏缝地板的要求较高，如果选择不当，会给后续的饲养管理带来不少麻烦，选购时应满足以下标准：地板缝隙的宽度必须适合生猪行走站立、不卡猪蹄，漏粪效果好，易冲洗消毒，坚固耐用，表面平整不滑等。

二、育肥舍合理的喂料体系

不同阶段的猪，其饮食习惯不同。保育猪、母猪需要 3 次 /d 进行定时定量饲喂，育肥猪需要自由采食。还要注意不同生长周期的饲料的配比不同，以便提高饲料转化率。另外，还要注意根据不同季节、不同气候等方面，给猪选择合适的饲料。

在养殖过程中，饲料是主要的营养来源，保证饲料周转率，不仅可以促进猪群的健康生长，还有利于提高养猪业的利润。自动喂料设备可以提高饲养效率，减少劳动力投入，避免细菌传播风险，消除应激反应，保持饲料新鲜，避免饲料污染，让养殖户高枕无忧。这种设备可以使饲养过程更简单，使猪只可以按时按量饲喂。

干料线供料系统颇受养猪人欢迎。其优点显著，明显节约人工；但其缺点也很明显，一般只能供颗粒料和全价料使用，且不能做到定时定量，浪费饲料严重。管壁内饲料残留难以清理，易发生霉变。

液态饲喂系统也有一定市场占有量。其优点是能应用各类饲料，所提供的液态料更符合生猪的采食习性，能做到定时定量，节约饲料明显，并易于数据统计，管壁易清洗。其缺点是相比干料线资金投入稍大。

饲喂设备堪称生猪的饭碗，选对了饲喂设备等于已经做好了一半的饲养管理。养猪人在选购时，一定要结合自己的实际情况，并不是好的东西就一定适合自己。另外，选购时要多注意察看做工细节，细节也往往决定了饲喂设备的使用效果。总之，减少饲料浪费、降低料肉比才是我们养猪人的目的所在。

三、采食料槽选择

水泥料槽的好处是不但可以盛放颗粒料和全价料，还可以供液态料使用；缺点是大部分缺乏合理的设计，小作坊出品居多，生猪采食时很容易把料撒出来，造成饲料浪费。

（一）小猪料槽

适用于出产期小猪的营养补给料用具，主要考虑以下几个因素。

1. 尺寸

应选择适合猪只大小的食槽。太大的食槽会导致饲料浪费，而太小的食槽则可能无法满足猪只的需求。

2. 材质

优先选择耐用、易清洁且无毒的材质，如不锈钢或聚乙烯。

3. 设计

应选择设计合理、结构稳定的食槽，以避免猪只推挤或打翻食槽，合理的设计可以避免饲料的浪费。

4. 防溢装置

如果猪只进食时经常溢出饲料，那么防溢装置是非常必要的，可以有效防止饲料污染，保证猪只的健康。

（二）通用自动料槽

分干湿料槽和干料槽。一个料槽可供 8 ～ 10 头育肥猪使用；这种新式的自动料槽粉料和颗粒料都合适，而且节省饲料，控制下料时间，节省养殖成本。

如果可以做到 1.1 倍肩宽，格挡至猪的肩部几乎没有打斗情况，格挡至头部平均约 7% 的打斗发生率，而如果没有格挡则有平均约 19% 的打斗发生率。试验数据也表明，格挡至猪的肩部或头部饲料浪费最少。这也是为什么一些专家不建议采用管式喂料器的原因。

最好采用不锈钢料槽，每个料位间有到头部的有效格挡，每个料位供几头猪指标可以稍微取低一些，对于日增重和料肉比还是有所帮助，毕竟与长时间的饲料费用相比，料槽的一次性费用投入是很有限的。

（三）水泥料槽

能当圈门用，价格便宜，但不易清理，浪费饲料严重；进水后不干，容易滋生细菌，危害猪只健康。

（四）不锈钢料槽

有适合各种猪只的不锈钢料槽。总体来说，不锈钢料槽价格贵一些，但不生锈、加固耐用，使用年限长久。而且不锈钢料槽能节省饲料、干净卫生，猪只吃得干净，不浪费饲料。这种料槽是很多猪场必备的一款料槽。

（五）限量料槽

多用钢板或水泥制成。目前有很多成品猪栏上附带有钢板制的限量料槽，而在地面饲养的猪栏中大都为水泥限量料槽，即固定设在圈内，或一半在栏内一半在栏外，用砖或石块砌成，水泥抹面，底部抹成半圆形，不留死角。

（六）自动料槽

目前养猪业中大都使用干粉料自由饮水的饲喂方式，于是自动落料料槽在保育仔猪、生长育肥猪的饲喂上就显出了优势。使用自动落料料槽后，可大大提高劳动生产率。自动料槽的样式一般以桶式食槽及不锈钢料槽为主，独特的下料模式，猪只有在想采食时才会拱动挡杆，自动下料，随吃随下料，减少浪费；不锈钢猪食槽多挡位可随意调节下料装置，适合仔猪、保育猪及育肥猪使用，减少资金投入。

料槽的下口可以调节，并用钢筋隔开的采食口，根据猪的大小有所变化。根据容量大小可分为仔猪、幼猪和育肥猪自动料槽 3 种，盛料量在 5 ～ 10kg、40 ～ 90 kg 和 90 ～ 200kg 范围变化。

常用的自动料槽有长方形和圆形两种，每种又根据猪只大小做成几种规格。长方形食槽还可以做成双面兼用，在两栏中间放置，供两栏猪只采食。

（七）精准智能饲喂系统

1. 智能饲喂系统的应用逐渐成为现代化畜牧业的必备技术

该系统不仅可以提高饲养效率，减少劳动力成本，还可以实现精准饲养，保证动物的健康和养殖质量。智能饲喂系统基于物联网技术，通过传感器和数据分析，实现对动物饮食、生长状态、健康状况等信息的实时监测和控制。饲料的分配和营养成分的调控可以根据动物的个体差异和生长阶段进行个性化定制，确保动物获得足够的营养和能量，健康成长。

2. 精准饲喂技术可以根据猪只不同阶段提供不同的产品

简单来讲可分为哺乳母猪精准饲喂、妊娠母猪精准饲喂和保育育肥精准饲喂。猪场精准饲喂技术的优势不仅体现在提高生猪的健康水平和生产效率上，同时也能够为环境保护和可持续发展助力。采用精准饲喂技术，可以根据不同阶段的生猪需要，提供量身定制的饲料配方，避免浪费和营养过剩。这有助于减少饲料浪费，节约成本，提高养殖效益。

3. 精准饲喂技术也有助于减少养殖污染

由于饲料的精准投放，猪只的粪便产生量会显著减少，从而减少了养殖场的废弃物处理量和排放的氮、磷等污染物。这不仅有益于环境保护，也有助于提升猪肉的品质和安全性，符合现代人们对绿色环保和健康食品的需求。智能饲喂系统的应用为现代畜牧业的可持续发展提供了重要的技术支持，也是未来畜牧业发展的趋势。

四、饲料体系设备

饲料的储存、运输和饲喂不仅消耗大量的劳动力，而且对饲料的利用和健康有很大的影响。饲料储运投料设备主要包括储料塔、输送机、投料小车、投料槽、自动粮仓等。饲喂设备的选择需要进行综合考虑，比如周围环境、猪舍的条件、猪舍的温度、饲料及猪只体重等方面。要根据不同的饲养环境进行不同方式的饲喂设备，在常见的自动化料线系统中，塞片料线比较常用，配合定量桶控制下料时间，还能定时定量，实现科学喂养，适合不同阶段猪只的需要。绞龙料线相对来说结构比较简单，还比较耐用，发生故障的概率偏低，适合自由采食的育肥猪、保育猪。

自动喂料系统可以实现精准喂养、有效节省人力，提高生产效率，大大降低养猪的成本；母猪舍使用后可以有效提高怀孕周转率，减少存栏的淘汰率；料塔储料，通过管道输送，减少了蚊虫、苍蝇及老鼠等对饲料的污染，利于饲料的保存；节省劳动力，增加人工的留存，稳定员工。

（一）储料塔

储料塔是猪场的必要一环，养殖户保证料塔饲料安全就是保证猪场效益。储料塔主要由 2.5 ～ 3.0mm 镀锌波纹钢板制成。进料在自身重力作用下落入储料塔下方锥体底部的出口，然后通过进料输送机输送至养猪场。日常管理措施如下。

1. 仔细检查

料塔组成完毕后，在进料前要仔细检查料塔内部是否有材料残留或者污染物，并对料塔内部做好清扫。

2. 不要混料

针对不同生长阶段的猪群所需饲料不同，每次料塔进料前要保证之前的饲料彻底饲喂完成，防止混料。

3. 防水材质

料塔在材质上要考虑防水、防腐蚀，这是保证饲料质量的重要一步。

4. 定期清理

料塔内部要定期进行清理，保证料塔内的清洁卫生，每次清理时间不超 20d 为宜。

5. 先进先出原则

饲料也要遵循先进先出原则，避免料塔内饲料时间过长影响饲料质量，做好管理登记。

（二）输送机

用于将饲料从猪场外的储料塔运输到猪场，然后将其分配到饲料车、溜槽或自动粮仓。类型：卧式螺旋输送机、链式输送机、弹簧螺旋输送机、塞管式输送机。为保证高品质的饲料能正常送入圈舍，做好定期维护与保养。

1. 定期检查设备

定期检查设备的磨损情况，以及设备的各个部位是否存在松动现象，如果发现有问题需要及时进行处理，以避免设备因此损坏。除了日常维护之外，还需要进行定期保养，以确保猪饲料生产设备的长期稳定运行。具体操作如下。

（1）保养电机。对于设备上的电机，需要进行定期检查和保养，以确保其正常运转。需要清洗电机表面，检查电机轴承的润滑情况，及时更换损坏的轴承。

（2）清理机器。猪饲料生产设备需要定期清理，以避免积灰过多影响设备的使用寿命和清洁效果。

（3）检查控制系统。检查设备的控制系统是否正常运作，避免因为控制系统出现故障而影响设备的生产效率。

（4）检查输送系统。对设备的输送系统进行定期检查，清理输送管道和清理输送机上的堵塞物，确保饲料可以顺利地输送到设备上。

2. 清洁设备

对设备进行定期清洗，避免灰尘、杂质等进入设备内部，影响饲料质量，同时也可以防止设备的生锈、腐蚀等现象。

3. 加油润滑

对猪饲料生产设备的润滑部位进行定期加油润滑，以保证设备的正常运转和延长使用寿命。

4. 定期更换易损件

对于一些易损件，如皮带、轮胎、轴承等，需要定期更换，避免设备在运行时因为易损件的磨损而出现故障。

5. 停机维护

偶尔需要进行设备的停机维护，这是为了对猪饲料生产设备进行更彻底的检查和维修。停机维护需要注意以下几点。

（1）安全措施。在进行设备的停机维护之前，需要对设备进行彻底的停机，同时对设备的电源进行切断，以确保停机期间的安全性。

（2）清洗设备。停机维护期间需要对设备进行彻底的清洗，清洗设备的内部和外部，彻底清除设备内的积灰和杂质。

（3）更换配件。停机维护期间需要对设备的易损件进行检查和更换，包括轴承、皮带、链条等，确保设备在使用期间的可靠性和安全性。

（4）检查设备。停机维护期间需要对设备进行全面的检查，包括设备的磨损情况、电气元件是否正常、传动部位是否存在异响等，确保设备在使用期间的稳定性和长期性。

（三）喂料小车

主要用于种子棒、孕棒、输送棒的定量喂料，即从喂料塔出口喂料至喂料槽。有两种类型，手动进给、电动进给。

（四）自动化喂料系统饲喂设备的安装位置

料槽的类型、猪舍类别、猪的年龄决定了猪舍内饲喂器的高度及位置。一般应高出最小身高的5cm。而在实际生产中，并不方便根据猪只身高调整料槽器的高度。因此，饮水器的安装高度并不固定，在适宜的范围内都可。在同一猪舍内，料槽器的安装高度可以不同，这样可尽可能保证每头猪都能够吃到饲料。料槽的安装要注意，不要一味安装在角落里，猪更喜欢在栏舍的角落排便，角落内安装料槽器容易加快粪便的腐败，也更容易导致猪生病。

（五）合适的流速

在实际使用过程中，不同的猪对饲料的需求也有所不同，这些都影响着饲料的流通速度。根据不同猪的饲料需求，可以改变饲料输送速度。

五、养成猪的饮水习惯

饮水系统配置：猪场常用的饮水器有鸭嘴式、乳头式及环保饮水碗等，在我国鸭嘴式为常用，因为成本低。但在实际使用中，鸭嘴式存在着浪费水严重、四周喷溅的缺点，加重猪舍排污量，相对来说乳头式及不锈钢环保饮水碗性价比较高，乳头式防喷溅水嘴虽然比较省水，但是更省水的是不锈钢环保水碗，根据猪的饮水习性设计。

许多养猪人认为现在都安有饮水器，猪不可能缺水，猪的需水量见表2–2，其实问题往往出在饮水器上，让猪饮水不足，导致多种疾病的发生。

对于饮水器常见问题有以下几点。

表 2–2　猪日耗水量

生长阶段	日需水量（t）
断奶：12kg	2.3 ～ 2.5
生长猪：27 ～ 36kg	3.2 ～ 4.5
育肥猪：34 ～ 90kg	4.5 ～ 7.3
空怀母猪：92 ～ 172 kg	5.4 ～ 13.6
母猪产仔期	13.6 ～ 17.1
母猪产仔后	18.2 ～ 22.1

注：冬季需水量小，夏季需水量大。

（一）饮水器选择不对

常用的饮水器有鸭嘴式、乳头式、杯式、掀珠式，但不同饲喂阶段要选择不同饮水器。鸭嘴式和掀珠式适合于母猪；仔猪适用乳头式饮水器，育肥猪适合杯式饮水器。

1. 碗式猪用饮水器

碗式猪用饮水器的应用范围很广，产床、保育床、育肥猪舍都可采用这种饮水器。

（1）优点。碗式猪用饮水器最大的优点是可以节约用水，并且避免水直接流到地上导致猪舍潮湿。所以，如果想要节约猪场污水排放，碗式猪用饮水器会是一个很好的选择。另外，碗式猪用饮水器可以有效避免饮水器划伤猪的嘴部，在饮水中添药时也更加方便，可以一定程度节约用药成本。

（2）缺点。从使用体验上来说，碗式猪用饮水器谈不上有什么缺点，只是造价相对比较高，会提升设备采购成本。另外，碗式猪用饮水器构造相对也比较复杂一些，安装时也会比较占用空间。

2. 鸭嘴式猪用饮水器

鸭嘴式猪用饮水器是市场上使用量最大的一种，这种饮水器构造很简单，只需要几个简单的零部件即可组成。

（1）优点。鸭嘴式猪用饮水器的优点是结构简单，猪在饮水时只需要含住饮水器，咬下阀杆即会有水自动流入猪的嘴中。此外，鸭嘴式猪用饮水器使用寿命很长，价格却比较便宜，还具有非常强的耐腐蚀性。

（2）缺点。鸭嘴式猪用饮水器比较突出，不能安装到猪舍角落，因为猪往往会在角落排泄，容易导致猪身体被划伤。此外，鸭嘴式猪用饮水器比较耗费水源，流淌到地上的水也会导致猪舍潮气过重。

3. 乳头式猪用饮水器

乳头式猪用饮水器也是一种构造简单的饮水设备，主要由钢球、壳体和顶杆三部分构成。

（1）优点。乳头式猪用饮水器与鸭嘴式猪用饮水器一样都属于造价比较低的饮水设备，而且相比于鸭嘴式猪用饮水器，乳头式猪用饮水器也更加安全一些，并且过水能力更强，被堵塞的概率也更低。

（2）缺点。乳头式猪用饮水器最大的缺点就是密封性差，并且流水比较急（有一定的概率造成猪饮水应激），很容易出现流水飞溅的情况，所以也比较浪费用水。在使用乳头式猪用饮水器，一般建议降低水压，安装时建议饮水器与地面成 45° ～ 75° 倾角，这样会相对比较好用一些。

（二）饮水器数量不足

并不是一个圈舍安装一个饮水器就够了，单一考虑节约成本。在一般情况下，猪饮水多发生在采食后，在集中饮水时一个饮水器显然不够，建议每个圈至少安装 2 个饮水器。一个圈超过 10 头猪，就必须安装 2 个饮水器。一般保育猪 12 只猪使用一个饮水器，如果数量不足，往往会造成采食量下降。

（三）饮水器方向错误

饮水器阀杆向左、向右、向下都是错误，正确是向上。

（四）饮水器位置错误

不能将饮水器安装在排便处，只考虑易于排水，如果这样，猪饮水时，占据排便位置，造成猪乱排便。争饮水位置。正确位置应距料槽 1.2 ～ 1.5m 处。

（五）饮水器位置安装过高或过低

对于仔猪容易过高，对育肥猪容易过低，正确高度应与猪头平行高度。对于怀孕母猪，乳头阀门端口应在地面以上 70 ～ 90cm 处；对哺乳母猪，乳头饮水器的高度应为 75 ～ 90cm；哺乳仔猪舍中饮水器乳头的端口应在地面 15cm 处。

（六）角度不对

上翘不对，向左或向右均不对，正确的角度是正前方向下，饮水器在与墙成 90°，或 45° 角（主要用于仔猪）。在猪体重分别为 5 ～ 13kg、13 ～ 33kg、33 ～ 56kg、大于 56kg 时，乳头式饮水器与墙成 90° 角，安装时的推荐高度应分别为 15.2 ～ 30.4cm、30 ～ 45cm、45 ～ 60cm、60 ～ 75cm、75 ～ 90cm；而当与墙成 45° 角时，则需要更高的高度。

（七）水压不足或过大

水压不足往往因为饮水器滤网堵塞或坏掉引起的水流量不足，主要是没有定期检查维修。特别是有些猪场喜欢饮水加药，如果药物的水溶性不过关，往往会造成药物或者絮状物堵塞滤网的情况。国家标准是在 2 个标准水压力下，每分钟出水量应大于 2L。饮水器出水时压力太大，容易使水飞溅而出，对猪形成饮水应激，仔猪被呛，浪费水。猪不同阶段饮水器匹配流速见表 2–3。

表 2–3　猪饮水器水流速率

猪的类型	水流速度（mL/min）
哺乳仔猪	300
断奶仔猪	700
30kg 生长猪	1 000
70kg 生长猪	1500
种猪	1 500 ～ 2 000
泌乳母猪	2 000 ～ 2 500

上述 7 种情况都是养猪过程中容易出现的问题，如果管理者视而不见，损失也许是隐性的，但长此以往猪群往往表现为某种病态。猪毛色干枯，异常消瘦，甚至皮肤出现点状出血，粪便干结，因此巡栏经常关注猪的饮水情况，甚至手指掀掀饮水器，感受一下水流速度，往往是有百利而无一害，养殖者应养成良好的巡栏习惯。

第三节　生物安全体系设计

一、赶猪通路设计

了解猪的生物学特性：猪有眼，所以猪不会往墙上撞；但猪的眼不亮，它看不清墙是什么东西做的；猪耳朵好使，赶猪时，用一根长一些的杆子击地，猪听到声音会听从指挥；后面有声音它往前走，左面有声音它向右拐。猪随群走，赶一大群猪比赶一头猪容易，所以卖猪时保持猪的队形是很关键的。

对于大型的集约化猪场，工作人员每个正常工作日至少要走 2.5km，每天至少花 30% 的时间和猪群打交道，在场内将猪只赶来赶去。现代猪舍设计精确合理，包括栏门、隔栏、隔墙等，可是一旦把栏门打开赶猪，仅凭一块小小的赶猪板，很难把 10 ～ 20 头体重为 100kg 的猪群成功转栏。

当各种单元位于同一栋猪舍内或相连的猪舍中时，猪可以沿着人类使用的走廊转猪，但是当不同的单元位于不同的猪舍和区域时（特别是在大型猪场），通常相隔数十米，则需要有专门的赶猪道，但这样投入比较高，另外有时会和道路、车辆冲突，此时可以采用一款移动式的赶猪道，并且经济方便。

（一）给猪设计一条路

也就是进猪舍或是售猪时上车，都有一条人为设计的路，这条路的墙最好是固定结实的墙；如果没有，可以使用临时墙，如用铁栏杆代替、用长条的彩条布代替（也可用饲料包装袋缝合成长条布）、用其他不透光的板等，让猪看见只有向前才是对的，这样一般猪都会顺着设计的路前行，这个办法对于母猪转群时比较实用。

（二）猪舍通道的设计也要合适

通道宽度设计在 1.2 ～ 2m，可以容纳 2 ～ 3 头猪并排通过为好。因为猪是喜欢群居的动物，比较喜欢结伴一起往前走，这样能使它不会感到太多的恐惧和压力。猪单列式或较窄的通道会使猪的通行更困难。如果某一头走在前面的猪产生恐惧不前行，后边的猪就会挤上去造成拥挤，越来越堵。最后很可能就是整个猪群都赶不过去。

（三）赶猪道

赶猪道除了要宽敞、平坦，要想让猪一直朝前走，通道的墙绝不能是透明的，以免猪群光顾看风景，一分心停下脚步，给赶猪工作带来麻烦，猪能看到但视力不好，它看不清墙是什么东西做的，不会往墙上撞，所以一道布墙都可以把猪挡回去（不要让猪碰到，否则猪会冲过去）。

（四）临时墙设计

由于猪看不到前面的路，这在向回拦猪时常用，用专用赶猪板、铁栏杆、木板都可，蹲下也可以让体重小（100kg 内）一些的猪返回去；千万不要双腿叉开拦猪，否则猪会从裤裆中穿过，将人顶一个大跟头。

（五）以喊代打

人在后面喊叫，猪向前走：但如果人用很细的木条打猪，又没有给猪明确的指示，猪往往不知该如何办，经常返回头来，更加难赶。“高喊”就是嘴里大声吆喝，“轻拍”就是用双手拍掌发出声音，都是利用声音引导猪的听觉，让猪往前走，或者往左走，往右走。“轻拍”还有一层意思就是用手轻轻地拍猪，哄着猪往前走。

（六）驱赶产仔母猪

母猪护仔，一般产后不愿离开，但如果拿一头它的小猪在前面，而且让猪闻一下，母猪大多很容易跟着拿小猪的人走。

（七）挑肥猪

卖肥猪挑选大猪时，如果用一块长条布将选中的猪兜住，很容易被赶出去，减轻抓猪的工作量。

二、卖猪位置及设备选择

（一）合理规划布局，用后由内向外冲洗消毒

1. 合理规划，适当布局

可以根据自家猪场的出栏状况，进行合理规划，适当布局，划分明确的出猪台净区和脏区，按照“净区—灰区—脏区”单向流动，内部人员严禁进入脏区，外部人员也严禁进入净区，并且每次使用后进行由内向外冲洗、彻底全面消毒。

2. 做好定点消毒工作

（1）带猪消毒，定期给猪舍和猪群喷雾消毒。

（2）凡是进入猪舍的人都要用过硫酸氢钾复合盐稀释以后喷雾消毒，手上和鞋底消毒尤为重要，带进猪舍的物品也要浸泡半个小时以上过硫酸氢钾来消毒。

（3）进猪或者卖猪时尽量不要让外边的人或者车进入猪场，进入时一定要做好消毒。

（4）猪的皮肤表面消毒，母猪快要上产床时，用过硫酸氢钾复合盐水擦洗母猪全身，或者母猪快要产小猪时，擦洗母猪的乳房和阴门上边，或者母猪配种之前，可以用过硫酸氢钾擦洗消毒母猪的阴门。

（二）生物安全体系构建的关键点

目前，生猪传染病防控特别是重大新发传染病所采取的生物安全措施均是基于传染病防控的经典理论“消灭传染源、切断传播途径和保护易感动物”，

其构筑的生物安全第一条防线，目的是阻止病原微生物到达易感动物。从当前猪场中招的风险点看，主要来自车流、物流、人流的暴露风险因素。

1. 车流控制

目前，规模化猪场对拉猪车、外运料车、粪车以及统一收集死猪的无害化处理车缺乏有效的管控措施，对车流进行生物安全措施控制，建议从以下方面入手。

（1）减少拉猪车、外运料车、粪车以及无害化处理车运输次数。

①制订合理的生猪出售计划。

目前，由于市场行情和疫情等原因，生猪出售较为困难，加上收猪人不断提出苛刻条件，有的猪场经营者甚至为了多卖一点猪，就按照收猪人设定的重量标准在整个育肥舍“精准”挑猪。殊不知这样反复接触拉猪车和收猪人，加大了疫情传播的风险，往往得不偿失。

②控制采购饲料次数，合理调控库存。

有的猪场不能合理安排各阶段饲料采购计划，经常缺种猪料和保育料。特别是饲喂自配粉料的猪场，购买多项原料品种，由于不易准确计算库存，整天缺东少西，不断让送料车出入猪场。而频繁不断穿梭于千家万户猪场的送料车，给中小型养猪场带来疫情传播风险。疫情传播形势严峻时，建议饲喂经过高温熟化的颗粒全价料，以降低疾病传入的风险。

③严禁外来拉粪车进入生产区以及限制拉粪车进入场区周边。

目前由于环保压力，大部分猪场对猪粪采取干湿分离，分离出来的干物质出售或赠予周边农户，这些过程中的运输工具往往缺乏严格的消毒流程，甚至在猪场附近来回运转，加大疾病传播风险。

④确实减少无害化处理车传播疫情的风险。

无害化处理车每天拉病死猪出入各场附近，相当一部分猪场的死猪冷库都建在生产区或生活区，无害化处理车来收猪时，由于人力的问题，抱着侥幸心理，让无害化处理车直接开到冷库边，带来疾病直接接触性传播风险。建议将冷库建在距离猪场 500m 以上地点，同时控制无害化拉猪车运输次数，尽量做到 1 个月以上才淘汰一次病死猪。

（2）对相关车辆采取有效的消毒。

①出售商品猪时，应在距离猪场 3 ～ 5km 固定的清洗场将拉猪车彻底清洗干净，特别注意车厢底部不要留有死角。同时有效进行全车消毒，包括驾驶室、相关人员鞋底。

②猪场设置两处消毒站，第一消毒站设在离猪场 500 ～ 1 000m 合适的

位置，第二消毒站设在猪场大门口或停车区。对所有进场车辆严格进行两次消毒。

③在第一道消毒处设置2个消毒盆，司机以及相关人员运用消毒水洗手，用另一消毒盆沾鞋底；司机在第二消毒站或消毒室进行消毒更衣（帽子、上衣、裤子、胶鞋等）；进场后只允许在操作区域行走，不允许随意在生产区乱跑，严禁与场内饲养员接触。

④出售商品猪时，设置夜光隔离线，禁止场内饲养、拉猪人员互相越界。

⑤出场及时更衣，将衣服放置在指定位置，禁止乱丢乱放，及时清洗消毒。

2. 物流控制

外购食物、生活用品、生产用具及药品、疫苗、器械等物品，存在病毒传播风险。猪场要结合自身条件，设置卫生浸泡池、紫外线消毒室和臭氧消毒室等。以紫外线室为例介绍如下。

（1）所有物品打开外包装，严禁带入生产区，外包装集中收集，定期处理。

（2）使用紫外线灯管对物品进行全方位照射消毒，发现损坏，及时修理。

（3）每周对灯管灰尘进行清理，因为灯管上覆盖灰尘会影响紫外线消毒效果。

（4）对所有物品紫外线消毒24h以上。

（5）每周要对全部物品进行清理，保持屋内干净整洁无杂物，无污水。所有物品彻底做到全进全出一次。

（6）做好净区、缓冲区、污区划分。

3. 人流控制

由于缺乏生物安全的防范意识，甚至不想在生物安全方面投入资金和设备。相当一部分猪场只是在人员外出后，经过简单消毒就直接进入生产区，甚至还有一部分猪场根本就没有消毒间或设备损坏维护跟不上，没有经过消毒，更不用说更衣换鞋了，就直接进入生产区。有的猪场虽然在大门口设置了消毒室，但是生活区与生产区之间没有设置消毒室。为了减少疾病传入风险，建议采取以下消毒、洗澡流程。

（1）消毒。在猪场门口设置喷雾消毒室。消毒时间不低于100s/次。要求喷雾密度适中，如有损坏及时维修。

（2）脱衣。外更衣室设置消毒垫，脚底消毒通过。本场人员将脱下的衣服存放于脱衣间，干燥48h后，带入紫外线消毒室，消毒24h以上，方可带入场内。外来人员衣服不得带入本场生产区。外出鞋子放在更衣室，不要带入生产区。

（3）洗澡。穿本场拖鞋，光身进入洗澡间，对全身包括头部进行彻底清洗干净，不得投机取巧，只做样子。

（4）更衣。洗澡完毕，进入更衣间，穿本场衣服。保持衣服干净整洁、无破损。

（5）进入生产区二次消毒。鞋底通过消毒后进入生产区。

（6）外出。外出人员在里更衣室，彻底脱掉全身衣服，光身进入洗澡间洗澡，在外更衣室穿衣，穿外出鞋子。在生产区所穿鞋子不得外出。

（7）每周定期对更衣室、洗澡间进行清洗以及消毒。确保更衣室、洗澡间干净、无杂物、无污水。

（8）做好净区、缓冲区、污区划分。

（9）所有物资必须单项流通。

4. 有害生物防控

场内外的生物媒介进入猪场生产区会带来未知的隐患，甚至对于猪场的生物安全几乎是破坏性的。为了有效控制生物媒介对猪场的危害，要重视以下几个方面的工作。

（1）灭蚊灭蝇措施。

生活区、猪舍地面墙壁每周喷洒1次长效灭蝇药。排水沟每周定期喷洒杀虫药，杀灭蚊蝇幼虫。喷洒除草剂杀灭场区杂草。猪舍窗户安装窗纱，猪舍门外可以焊接框架安装防蚊门帘，水帘必须安装纱网。非使用季节水帘池保持干燥无水状态，夏季发现有蚊子幼虫可以抽干水或者投放低毒氯氟氰菊酯。粪场周围可以撒生石灰，有堆粪的用塑料膜定期盖压，每次密封3d以上，可以有效杀灭虫卵。

（2）灭鼠措施。

每月1次定期投放鼠药饵料，在老鼠经常攀爬的管道、电线上涂抹追踪膏。猪舍大门保持常闭状态，猪舍外墙完整，除通风口、排污口外不得有其他漏洞，并在通风口、排污口安装高密度铁丝网，水帘侧安装钢丝网，防止老鼠破坏水帘纸进入；吊顶漏洞及时修补；生产缓冲区发电机房、水泵房、动力中心等要安装60cm高防鼠板。

5. 日常监测

（1）猪只采样。

①采集唾液的时间：前晚停料不停水，控食过夜，第二天早上进食前采集

唾液，保证唾液中无食物残渣，确保检测结果不受影响。

②将采样棉绳悬挂在猪圈围栏门上，距离地面 40cm 以上，让猪群自由啃咬、咀嚼，10min 以上，操作人员戴一次性手套，打开自封袋，将棉绳放入自封袋内，将棉绳中的唾液挤压至自封袋，将采集的唾液样品放入带有冰块的塑料袋或泡沫箱，立即送实验室检测。

（2）病死猪检测。

①操作人员戴一次性手套，使用两支棉签在病死猪的口腔内、鼻腔内各转 10 圈或用一次性刀片直接割取舌尖或者耳尖，放入自封袋。

②做好标记：栋舍、栏号、猪只的死亡编号。

③采样结束后喷洒 75% 酒精对工具和手部进行消毒。

（3）环境采样。

①采样方法。

环境表面采样时，采用面巾纸或纱布 1 张，用 5mL 无菌生理盐水浸湿；在采样区 5 cm×5cm 的区域内涂擦表面，涂擦后将面巾纸或纱布折叠，使用干净的一面继续多点采样，每块纱布采集多个环境取样点（反复折叠面巾纸或纱布），将采样后的纱布折叠好放入一次性封口袋，冷藏保存送检。

②采样点。

猪舍内：猪舍的门把手、过道、栏杆、风机、水槽、料槽、墙壁、铁锹等，可作环境拭子多点采样，每个单元混检 1 份。

猪舍外：道路、洗衣房、卫生间等，可做环境拭子多点采样，混检 1 份。

药房、仓库、休息间等，可做环境拭子多点采样，混检 1 份。

生活区宿舍、餐厅、办公室，可做环境拭子多点采样，混检 1 份。

厨师宿舍、厨房仓库、厨房混检 1 份。

6. 发生问题后的处置措施

（1）发现有疑似症状，第一时间停止一切活动，采样送检，准备处理猪只的工具（彩条布、棉毡、火碱等）。

（2）采样送检、确诊后，根据猪的体重采取处理措施：立即将发病栋舍问题栏位和其相邻前后圈猪只处死，死猪坑须距离场区 3km 外、附近无其他养殖场，土层覆盖厚度不少于 2m，按生物坑标准操作。

（3）停止场区内除了加料和消毒的一切工作，场区消毒升级为 2 次 /d，对生活区所有房间进行喷雾消毒，床单被罩等衣物全部浸泡消毒清洗，人员每天晚上洗澡。

（4）处理完之后要对使用的工具、走过的路和空圈舍地面泼洒 5% 火碱水，该项工作由专人进行操作且和正常区域隔离开，持续保持湿润 72h。

（5）原则上是整栋处理，情况不严重的可尝试喷洒相邻的栏位和对面的栏位。

（6）执行静默生产，3d 采样 1 次评估，死猪必检。

（7）3 晚后猪群正常，未检出阳性视为成功，后续饲养管理继续执行静默生产。

规模化猪场生物安全体系关键点的梳理是一项系统与动态工程。在条件许可的情况下，科学的选址和布局是基点，日常人流、物流、车流的管控是关键，做好日常监测与出现问题后的有效处置是保障。通过 4 年多行业与非洲猪瘟的艰苦对决，诸多防控措施在维护猪场正常生产上发挥了关键作用。只有强化生物安全防控意识，抓住防疫重点，实施科学化、流程化管理，坚定信心，持之以恒，方能在非洲猪瘟疫情下，屹立不倒。

（三）出猪台设计建造的注意要点

出猪台的位置一般建在生产区育肥舍的一角，并且处于猪舍下风口，远离猪舍猪群，防止交叉感染，同时出猪台的进猪口与出猪口要平缓渐进，切勿高低差距过大，一般出猪台的出猪口可以直接连接运猪车，坡度要小于 20°为宜，使生猪能缓慢自行上下车，便于转移运输过程中碰伤，并且节省时间精力。

1. 普通水泥出猪台

通常是 1 ～ 3 层设计，在养殖场中较为常见，通常单层出猪台修 90cm 高，走道 0.5m 宽，大车装运猪，建议建 2 ～ 3 层水泥砖台，第一层 1.2m 高，第二层 1.8m 高，第三层 2.4m 高，走道 0.5m 宽，并且出猪台的坡度小于 20°，注意出猪台的高度与装猪车辆的高度相适应，此种出猪台适合中小规模猪场使用，缺点是不能灵活适用于各种高度的运猪车使用。

2. 起重机式出猪台

是将起重机升降靠车端尾部栏门处，可以搭在运猪的车辆上，将生猪赶上升降台通道，缓慢将猪赶上运输车，搭建好水泥地基面和起重机式出猪台即可，通常水泥地基面长 1m，宽 1.5m，与地面水平，起重机长 5.5 ～ 6.5m，宽 1.5m，升起高度 4m 为宜，同样出猪台坡度小于 20°，常用于大型育肥猪场的转运，特别适用于不同层次运猪车装猪，缺点是操作存在一定的安全隐患，要按要求标准执行。

3. 斜坡式出猪台

将一端升起，另一端为轴点与猪圈月台水平，升起端与运猪车对接，根据车上圈架高度而变化，通常台面尺寸长 5.5 ～ 6.5m，宽 1.5m，升起高度 3m，同样出台坡度小于 20°，主要用于规模猪场、肉联厂等场所，生产效率高，缺点是移动不方便。

综上所述，以上就是关于卖猪过程中对于“出猪台”的利用，可以起到有效的省时省力作用，各规模猪场应根据自家猪场特点和适用性，选择合适的出猪台类型来设计，在保证猪场生物安全的前提下，更轻松方便地卖好猪。

（四）病死猪安全有效处理

1. 立即隔离

在养猪时，一旦发现猪出现死亡，应立即将死猪隔离起来，可将死猪放入防水袋或者用塑料布封好，避免其他猪与死猪接触，这样可以减少疾病的发生。

2. 立即消毒

在隔离死猪的同时，还要给死猪待过的地方消毒，杀死可能存在的病毒和细菌。

3. 立即处理

在做好隔离、消毒外，需要处理病死猪，可选择深埋或者火化等方式。在选择处理方法时，应遵守当地的环保法规和要求，以及养殖猪场的实际情况。

（1）深埋。深埋是养猪场最常见的一种处理病死猪的方式，可避免病原体的传播和污染环境。如果选择将死猪深埋，必须选择远离居民区和水源的地方，挖足够深的坑，将死猪放入坑中，然后用土覆盖。在处理死猪时，注意不要直接接触，应戴上手套，使用专用工具将猪只移到隔离区，然后进行后续处理。

（2）不要随意丢弃。在处理死猪的过程中，不要随意丢弃，应选择合适的方式进行处理。同时，要遵守当地的环保法规和要求，以免违反法律，不要污染环境。在处理病死猪的过程中，一定要选择适合处理死猪的地方，避免污染环境，否则会对环境和人的健康造成影响。

（3）火化。火化处理法就是用火把死猪焚烧，这也是养猪场常见的一种处理方法，可有效地消灭病原体的存在。如果选择火化，应选择合适的场所，避免烟雾对周围环境和人的健康造成影响。也可选择将死猪送往专门的处理场所，进行正规的处理。

第三章

根据规模及当地条件合理选择品种

第一节　国内外常见不同经济性状品种介绍

一、选种选育的必要性

中国是生猪养殖大国，从最原始的本土种猪到后来引进的杜洛克种猪、长白种猪等，品种繁多，在优胜劣汰的淘汰机制下，如今市场上的种猪性能更加完善，种猪选育是现代养殖业中非常重要的环节，通过种猪生产性能测定，可有效提高肉类品质和养殖效益。种猪生产性能测定包括优化选育方案、提高养殖效率以及改善肉品质量等方面。

（一）优化选育方案

1. 高效繁殖能力

通过种猪生产性能测定，可评估种猪的生殖能力和繁殖性能。选择具有较高妊娠率、较大产仔量和较好产仔生存率的种猪，有助于提高后代的繁殖能力，进而优化选育方案。

2. 优良的生长性能

种猪生产性能测定还可评估种猪的生长速度和饲料转化效率。通过选择生长快、饲料转化率好的种猪，可以提高后代的生长性能和养殖效益。

3. 建立核心群

首先要选择好用什么样的杂交组合来发展瘦肉型猪生产，这样才能确定组建哪个品种的核心群。在现代瘦肉型猪中，“杜长大”是最佳的杂交组合。资金雄厚的猪场可以同时建立杜洛克、长白和大约克 3 个品种的核心群，资金实力一般的猪场至少也要建立大约克种猪核心群。核心群必须质量好、遗传基础广泛、规模适中。

4. 育种目标

育种目标应以最低的成本，生产最多的产品，取得养猪生产的最大的经济效益为准则，以在将来的生产条件及市场下获得最大的利润为目标。因此制定育种目标恰恰是利用核心群种猪有经济意义的生产性状，如父系的日增重、饲料转化率、瘦肉率和肉质性状，而不考虑繁殖性状；母系不但包括上述生产性状，还要考虑繁殖性状，但不含肉质性状。育种的最终目标是定在生产群，而不是核心群，因为大多数育肥猪是杂种猪，既存在基因型与环境因素的互作，又存在纯种与杂种性能的遗传相关。

5. 核心群的选育路线

由于核心群的选配是随机性的，故近交系数上升是不可避免的，单纯的闭锁选育，会造成近交退化，降低产仔数，这是育种工作中最头疼的。但闭锁能使基因纯合，利于选择优良基因，实际上由于核心群群体小，通常闭锁几代后，近交系数上升，遗传进展缓慢，这就需要导入外血，开放群体，然后再闭锁群体，形成闭锁与开放相结合的纯种选育方法。但在选育过程中发现，性能较差的种猪要及早调整出核心群，否则会影响选育效果。

6. 确定选择性状

选择的性状必须遵循以下原则：首先，必须是活体易度量的；其次，必须有较高的遗传力，因为遗传力高的性状其表型值差异较接近育种值差异，表型的优劣几乎反映了遗传的优劣，因此对其选择的准确率提高，效果好；最后，必须与改良性状有较高的遗传相关，因为这样对选择性状进行选择才能间接有效地使改良性状得到改良。猪主要经济性状的选择主要有以下几个方面。

（1）生长性状及胴体性状。

①日增重。日增重是指单位时间内猪的平均日增重。

日增重 =（末体重 – 初始体重）/ 天数，单位为 kg/d 或 g/d。

②饲料利用率。饲料利用率是指单位增重所消耗的饲料量。

饲料利用率 = 饲料消耗量 / 猪增加的体重

饲料利用率的遗传力属于中等遗传力，靠表型选择或家系内选择，都有明显的遗传。

（2）胴体性状。

①瘦肉率。用瘦肉率或瘦肉量表示。虽然瘦肉率是一个高遗传力性状，但因其在活体无法直接度量，因此一般是通过选择那些在活体易于度量而又与瘦肉率有较高遗传相关的性状（如活体背膘）来进行间接选择，或者根据同胞等亲属的成绩来进行选择。

②脂肪。猪的脂肪包括皮下脂肪、腹内脂肪、肌间脂肪和肌内脂肪，不同部位的脂肪，其脂肪酸的类型有所不同。对脂肪的选择目标是，降低皮下脂肪和腹内脂肪，保持适量的肌间脂肪和肌内脂肪以保持良好的肉质。

③背膘厚度。背膘厚度的遗传力属于高遗传力。通过表型选择就能获得较大的遗传。向背膘厚或薄的方向选择种猪，每代可以获得 1mm 的遗传进展。

背膘厚度与品种类型有关，与瘦肉率、饲料利用率呈负相关。在实际测量时，常用肩部最厚处、胸腰椎接合处和腰荐椎接合处 3 点的皮下脂肪厚度的平均值来表示，但应注明其为平均膘厚。

④肉质与风味。猪的肉质包括 pH 值、肉色、系水力、嫩度、大理石纹、肌内脂肪含量等多项指标，遗传力一般为低到中等水平。肉的风味也是消费者一直关心的问题，尽管国内外有不少报道认为风味与某些化学物质有关，但关于风味的物质基础仍然没有明确的定论。对肉质的评定可分为客观评定和主观评定两类，前者如肉的理化特性和生物学指标，后者如对肉的风味进行品尝或评分。肉质性状改进的难点是目前还没有把评定的结果作为选种的依据。

（3）繁殖性状。

繁殖性状是指与繁殖相关的性状。这些性状都是低遗传力的性状，主要受环境因素的影响，通过表型选择得到的遗传不会很大，需要进行家系内选择才能有明显的选择效果。

①产仔数。猪的产仔数包括总产仔数和产活仔数两个性状，是一个受排卵数、受胎率和胚胎成活率等多种因素影响的复合性状。由于产仔数的遗传力低，容易受母体效应及其他环境因素的影响，因而选择提高的效果差。

②仔猪的初生重。仔猪的初生重包括个体重和出生窝重，前者是指仔猪出生后 12h 内、未吃初乳前的重量，后者指各个个体重的总和。品种、类型、杂交、营养状况、妊娠母猪的饲养管理水平、产仔数等诸因素都能够影响到仔猪的初生重。从选种意义上讲，仔猪出生窝重的价值高于仔猪的初生重价值。

③泌乳力。泌乳力是反映母猪泌乳能力的一个指标，是母猪母性的体现。现在常用 20 日龄仔猪的窝重表示母猪的泌乳力。品种、类型、杂交、营养状况、饲养管理水平、产仔数等诸因素都能够影响母猪的泌乳力。

④母性。母猪的母性对于哺乳仔猪的成活是相当重要的，一般用哺育仔猪的育成率来表示，主要决定于母猪的泌乳力和母猪护仔性。在对母猪的繁殖性能进行选择时，母性也是一个需要考虑的性状。

（4）外貌性状。

①体长。体长对猪的胴体长度和产肉量都有一定的影响，产肉力高的猪往往具有较大的体长，猪体长的遗传力较高，因此参考体长进行选种，会取得较好的效果。

②肢蹄。肢蹄结实度是体质的一部分，是指猪 4 个肢蹄的生长发育与整个机体相协调的程度。肢蹄缺陷或肢蹄病会给养猪业造成很大的经济损失，肢蹄病不仅会影响繁殖公、母猪的繁殖性能，也会影响商品猪的生长速度和产品等级。

③腿臀。由于腿和臀是肢体中产瘦肉最多的部位，因此腿臀比例在评定胴体时具有重要的意义。对腿臀比例进行适当的选择，对提高猪的产肉力具有积

极的意义。

④毛色、头形、耳形。猪的毛色、头形和耳形是品种特征的重要标志，均具有很强的遗传性，尽管其与经济性状的关系不大，但一直受到人们的关注。

（5）性能测定。

①不同亲属记录。性能测定的记录可以来源于后裔、同胞和本身。依据后裔记录进行选种是最准确的，因为选种就是为了获得更优秀的后代，但由于后裔测定会使世代间隔延长，而且测定的能力有限，因而也就影响性状的年遗传改进量。猪的许多肉用性状都是中、高遗传力性状，依据同胞或本身的成绩选择就能获得理想的效果。

②多种亲属记录的结合。与利用单个亲属信息相比，同时利用多种亲属的记录会提高育种值估计的准确性。BLUP（最佳线性无偏预测）育种值估计方法正是由于它可以充分利用各种亲属的信息，能消除由于环境和选配等造成的偏差，能考虑不同群体不同世代的遗传差异，因而可以提高选种的准确性。

（二）提高养殖效率

减少饲养成本：经过生产性能测定筛选出的种猪具有较高的饲料转化效率和快速生长的特点，可以有效地减少饲养成本。这不仅使得养殖者能够获得更多的经济效益，还有助于实现养殖业的可持续发展。

提高养殖管理水平：种猪生产性能测定涉及对种猪健康和营养状况的全面监测和评估。这促使养殖者在养殖过程中更加重视种猪的健康管理、饲养管理以及环境调控等方面，从而提高整体养殖管理水平。

（三）改善肉品质量

营养均衡：通过种猪生产性能测定，可以为选育优质种猪提供科学依据。优秀的种猪具有良好的体况和营养状况，能够为后代提供更好的遗传基因和营养素，进而改善肉品质量。

肉质优良：通过选育具有良好生产性能的种猪，可以提高肉类的理化特性和口感品质。例如，瘦肉率的提高、脂肪分布均匀性的改善以及肉质的嫩滑度增加等，都可以通过种猪生产性能测定来实现。总而言之，种猪生产性能测定对于生产优质肉类具有重要意义。通过优化选育方案、提高养殖效率和改善肉品质量，种猪生产性能测定为现代养殖业提供了科学依据和技术支持。随着技术的不断创新和进步，种猪生产性能测定将在养殖业中发挥越来越重要的作用，为养殖者带来更大的经济效益，为消费者提供更高品质的肉类产品。

（四）利用杂交优势

1. 杂交概念及生物学效应

杂交一般是指不同品系、品种个体间的交配。所谓杂交育种，就是运用两个或两个以上的品种相杂交，创造出新的变异类型，然后通过育种手段将它们固定下来，以培育出新品种或改进品种的个别缺点。其原理是不同品种具有不同的遗传基础，通过杂交时的基因重组，能将各亲本的优良基因集中在一起；同时由于基因互作，有可能产生超越亲本品种性状的优良个体，然后通过选种、选配等手段，使有益的基因得到相对纯合，从而使它们具有相当稳定的遗传能力。目前，杂交育种是改良现有品种和创造新品种的一条途径。

杂交在养猪生产中有着十分重要的作用，即杂交育种和杂种优势的利用，后者习惯上称为经济杂交。生产实践证明，猪经杂交利用后，其后代的生长速度、饲料效率和胴体品质可分别提高 5% ～ 10%、13% 和 2%；杂种母猪的产仔数、哺育率和断奶窝重，分别提高 8% ～ 10%、25% ～ 40% 和 45%。因此，杂交利用已成为发展现代养猪生产的重要途径。

2. 杂种优势及其度量

杂种一代（F_1）与纯和亲代均值间的差数，称为杂种优势值。生产中可以用杂种优势率来表示。即杂种优势值和纯和亲代均值的比值。

经过性能测定测得到的个体记录可能受到 3 种效应的作用。例如，母猪的窝产仔数受到 3 个效应的影响。

①父本效应：公猪配种能力以及精液的受精力。

②母本效应：母猪的排卵数及子宫内环境。

③子代效应：仔猪的抵抗力和生活力。父本效应直接作用到受精，母本效应对于评价繁殖力的各个指标都具有重要的意义，个体效应对于生长发育个体的一些性状的作用更为重要，如胴体性状。

对于杂种优势效应，根据不同动物的基因型可以进行相应类型的划分。

（1）父本杂种优势。

父本杂种优势取决于公猪系的基因型，是指杂种代替纯种作父本时公猪性能所表现出的优势，表现出杂种公猪比纯种公猪性成熟早、睾丸较重、射精量较大、精液品质较好、受胎率高、青年公猪的性欲强等特点。

（2）母本杂种优势。

母本杂种优势取决于母猪系的基因型，是指杂种代替纯种作母本时母猪所表现出的优势，表现出杂种母猪产仔多、泌乳力强、体质健壮、易饲养、性成熟早、使用寿命长等特点。

（3）个体杂种优势。

个体杂种优势也称子代杂种优势或直接杂种优势，取决于商品肉猪的基因型，指杂种仔猪本身所表现出的优势，主要表现在杂种仔猪的生活力提高、死亡率低、断奶窝重大、断奶后生长速度快等方面。

3. 杂种优势显现的一般规律

（1）遗传力低的性状表现出强的杂种优势，如健壮性（抗应激能力、四肢强健程度等）和繁殖性能。

（2）遗传力中等的性状表现出中等杂种优势，如生长速度快和饲料利用率高等。

（3）遗传力高的性状表现出弱的或不表现杂种优势，如胴体性状、背膘厚、胴体长、眼肌面积、肉的品质等改变不大。

需要说明的是，胴体瘦肉率没有杂种优势，杂种猪低于或等于双亲均值，但比母本（地方品种或培育的肉脂型品种）高，这对于我国目前开展猪经济杂交、提高瘦肉率有重要意义。

4. 杂交亲本的选择

所谓杂交亲本，即猪进行杂交时选用的父本和母本（公猪和母猪）。

（1）杂交父本的选择。

实践证明，要想使猪的经济杂交取得显著的饲养效果，一个重要的条件父本必须是高产瘦肉型良种公猪。如近几年我国从国外引进的长白猪、大约克夏猪、杜洛克猪、汉普夏猪、迪卡配套系猪等高产瘦肉型种公猪等是目前最受欢迎的父本。它们的共同特点是生长快、饲料利用率高，胴体品质好，同时性成熟早、精液品质好，适应当地环境条件等。凡是通过杂交选留的公猪，其遗传性能很不稳定，要坚决淘汰，绝对不能留作种用。三元杂交或多元杂交时，选择最后一个杂交父本（终端父本）尤其重要。

（2）杂交母本的选择。

作为杂交母本，一般应具备下列条件：数量多，分布广，适应性强；繁殖力强，母性好，泌乳力高；体格不宜过大，以减少能量维持需要。我国绝大多数地方品种和培育品种猪都具有作为杂交母本品种的条件，如太湖猪、内江猪、北京黑猪，里岔黑猪或者其他杂交母猪。由于地方母猪适应性强，母性好，产仔率高、泌乳力强、耐粗饲、抗病力强等，所以，利用良种公猪和地方母猪杂交后产生的后代，一是生长快，饲料报酬高；二是繁殖力强，产仔多而均匀，初生仔体重大，成活率高；三是生活力强，耐粗饲，抗病力强，胴体品质好。由此可知，亲本间的遗传差异是产生杂种优势的根本原因。不同经济类型（兼用型与瘦肉型）的猪杂交比同一经济类型的猪杂交效果好。因此，在选择和确定杂交组合时，应重视对亲本的选择。

5. 选择合理的杂交方式

根据实际饲养条件及模式，因地制宜，有计划地合理选择杂交方式，是养猪场（户）搞好猪经济杂交的前提。

（1）二元经济杂交。

二元经济杂交又称简单经济杂交，是指两个纯种猪间的杂交。二元经济杂交的优点：简单易行，应用广泛；缺点：母系杂种优势得不到利用。简单经济杂交所产的杂种一代，一般全部用来育肥，这是目前养猪生产推广的“母猪本地化、公猪良种化、肥猪杂交一代化”，是应用最广泛、最简单的一种杂交方式。

（2）二元级进杂交。

二元级进杂交模式。优点：可提高瘦肉率，在母猪瘦肉率太低时采用，还可以提高窝产仔数；缺点：杂种的生活力、健康水平有所下降，日增重和饲料利用率也较二元经济杂交的杂种商品猪为差。

（3）三元杂交。

三元杂交是用甲品种母猪与乙品种公猪杂交的一代杂种猪群选育的母猪，再和丙品种公猪进行交配所产生的后代，全部育肥。这种杂交方式由于母本是二元杂种，能充分利用母本杂种优势。另外，三元杂交比二元杂交能更好地利用遗传互补性。因此，三元杂交在商品肉猪生产中已被逐步采用。

（4）轮回杂交。

轮回杂交是用两个或两个以上不同品种猪进行杂交，以保持后代杂种优势。母本也可以从三元杂交猪群中直接选择，再与另一良种公猪进行杂交。采用轮回杂交方式，不仅能够保持杂种母猪的杂种优势，提供生产性能更高的杂种猪用来育肥，可以不从外地引进纯种母猪，以减少疫病传染的风险，而且由于猪场只养杂种母猪和少数不同品种良种公猪来轮回相配，在管理上和经济上都比二元杂交、三元杂交具有更多的优越性。这种杂交方式，不论养猪场还是养猪户都可采用，不用保留纯种母猪繁殖群，只要有计划地引用几个育肥性能好和胴体品质好，特别是瘦肉率高的良种公猪作父本，实行固定轮回杂交，其杂交效果和经济效益都十分显著。

（5）顶交。

顶交指近交程度很高的公猪与没有亲缘关系的非近交母猪交配，可充分发挥特定近交系公猪的长处，又因母猪为非近交个体而避免了近交衰退。缺点是母猪间变异大，所以杂交后代不一致。

6. 杂交利用措施

（1）杂交亲本的选优和提纯。

杂种优势的显现受到许多因素的限制，开展杂种优势利用是一项复杂而又细致的工作。首先应从亲本的选优和提纯入手，这是杂种优势利用的主要环节。选优就是通过选择，使亲本群原有的优良、高产基因的频率尽可能增大。提纯就是通过选择和近交，使亲本群在主要性状上纯合子的基因型频率尽可能增加，个体间的差异尽可能减小。提纯的重要性不亚于选优。亲本纯度越高，才能使亲本基因频率之差加大，配合力测定的误差也就越低，可得到更好的杂种优势效益，杂种群体才能整齐，接近规范。

重视亲本群选育，一定要在纯繁阶段把可以选择提高的性状尽量提高；否则，盲目进行杂交，不可能得到好的效果。

（2）配合力测定和最优杂交组合的筛选。

配合力就是种群间的杂交效果。配合力测定的目的，是通过杂交试验，测定种群间的杂交效果，找出最优的杂交组合，以求最大限度提高肉猪的生产性能。

配合力分为一般配合力和特殊配合力，一般配合力是指一个种群与其他各种群杂交，所能获得的平均效果。例如，内江猪与地方品种猪杂交，都获得较好的效果，这就是内江猪的一般配合力好。特殊配合力则是两个特定种群之间的杂交所能获得的超过一般配合力的杂种优势。在杂种优势利用中，追求的是特殊配合力，它通过杂交组合的选择而获得。例如，用上海白猪与杜洛克、苏白猪、长白猪等品种进行配合力测定，4 个组合的育肥性能都优于纯种上海白猪，其中，杜洛克和上海白猪的组合超过其他 3 个组合，表明上海白猪与杜洛克猪之间特殊配合力好，是一个值得推广应用的杂交组合。

（3）建立健全杂交繁育体系。

所谓繁育体系，就是为了协调整个地区猪的经济杂交工作而建立的一整套合理的组织机构和各种类型的猪场。

①原种场。主要对杂交所用的父本和母本品种进行选育和提高，为繁殖场或商品场提供优良的杂交父本、母本，对母本的选育重点应放在繁殖性能上，对父本的选育重点应放在生长速度、饲料利用率和胴体品质上。

②繁殖场。主要任务是扩大繁殖杂交用的父本、母本种猪，提供给商品场，尤其是母本品种。母本种猪包括纯种和杂种母猪。选育重点还应放在繁殖性能上。

③商品场。从繁殖场得到的母本，从原种场或繁殖场得到的父本，进行经济杂交，生产商品育肥猪。工作重点应立足于商场育肥猪的科学饲养管理方面。

（4）改善杂种的培育条件。

通过配合力测定所确定的最优秀的杂交组合，奠定了杂交优势产生的遗传基础，这是获得高杂种优势率和高生产率的前提。但是，猪生产性能的表现是遗传基础和环境共同作用的结果，遗传潜力的发挥必须有相应的环境条件作保证。所以，杂种饲养管理条件的好坏，直接影响杂种优势表现的程度。与以前农村散养户的养猪模式相比，当前规模猪场的饲养管理模式和生产条件有了很大的改善，但与先进国家相比还有很大的差距，为了更大地发挥我国杂交猪的生产潜能，提高猪场经济效益，必须采取科学的、先进的生产和管理模式。

二、不同经济用途合理选择猪的品种

（一）按经济用途分类

猪可分为 3 个经济类型，即脂用型、瘦肉型和肉脂兼用型 3 个类型。

1. 脂用型猪

又称脂肪型，这种类型的猪能产生大量的脂肪，猪体躯短而宽深，全身肥满，头、颈较重，四肢短，体长等于胸围，差别在 2 ～ 5cm；以巴克夏为代表。胴体脂肪较多，瘦肉率在 45% 以下。该类型猪能有效地利用饲料中的碳水化合物转化为体脂肪。而利用饲料蛋白质转化为瘦肉的能力较差，单位增重消耗的饲料较多，现在脂用型猪市场不大。我国的绝大多数地方品种，如太湖猪、荣昌猪、沂蒙黑猪等都属于脂肪型。

2. 瘦肉型猪

又称肉用型。这类猪的胴体瘦肉多，脂肪少，猪体躯长浅，头小，肩轻，臀腿丰满，整个身体呈流线型，四肢高，前后肢间距宽，腿臀发达，胸腹肉发达。一般猪体长超过胸围 15 ～ 20cm。外国引进的长白猪、大白猪、杜洛克猪和汉普夏猪，以及我国培育的三江白猪、湖北白猪和浙江白猪等均属于此类型。猪胴体瘦肉率在 60% 以上。瘦肉型猪饲料转化率较高。

3. 肉脂兼用型猪

体型、肥瘦程度和饲料转化效率介于脂用型猪和瘦肉型猪之间，一般瘦肉率在 50% ～ 55%，外形特点为体格较大，体躯长短适中，体长一般大于胸围

5 ～ 10cm。体质结实，结构匀称，四肢强健有力。我国培育的大多数猪种属于兼用型猪种。国外猪种有苏联大白猪，我国的地方优良品种与国外培育品种和国内杂交育成的新品种不同，不适于用这 3 种经济类型划分。

（二）按猪种的培育方式和品种来源分类

猪种一般可以分为我国地方猪种、国外引入猪种、新培育猪种、配套系猪等。

三、中国本土种猪

（一）华北型种猪

分布于淮河、秦岭以北。此类型体质健壮，骨骼发达，四肢粗壮，背腰狭长，腹不太下垂，肌肉发达。母猪性成熟早，繁殖性能强，母性好，窝产仔 10 ～ 12 头，乳头 8 对左右。耐寒，耐粗饲，膘不厚，但增重较慢，板油多，屠宰率较低，一般 60% ～ 70%。代表品种有东北民猪、西北的八眉猪、黄淮海黑猪、汉江黑猪和沂蒙黑猪等。

（二）黄淮海黑猪

黄淮海黑猪顾名思义，主要指的是淮河两岸的淮猪，是我国古老的华北型猪种，主要分布于苏北、鲁南、豫东和皖北等地，具有性成熟早、产仔率高、耐粗饲、适应性强、杂交优势明显等特点，是我国新淮猪的培育亲本，也是其他培育猪种的良好素材。这种猪的体型比较大，耳朵大而且往下垂，长的甚至可以盖住鼻子，嘴筒长直，背腰平直狭窄，臀部倾斜，四肢既结实又有力。黄淮海黑猪的生长速度非常快，平均每天可以增重 251g。

（三）华南型种猪

分布于南岭和珠江以南地区。表现为“矮、短、宽、圆、肥”的外部特征，腹大下垂。头相对较短宽、嘴短、耳小，毛多为黑白花。性成熟早，母性好，但繁殖性能稍差，窝产仔 8 ～ 9 头。耐热，早熟易肥，皮薄肉嫩，属脂肪型猪种，屠宰率 75%。代表品种有蓝塘猪、陆川猪、香猪、五指山猪、粤东黑猪、槐猪和滇南小耳猪。

（四）华中型种猪

分布于长江和珠江之间的大地区。体型与华南型相似，但体型较大，生产性能介于华南型与华北型之间。母猪产仔数 10 ～ 12 头，乳头 6 ～ 7 对。生产较快，经济成熟较早，肉质细嫩，屠宰率70%左右。本类型猪较多，代表品种有浙江金华猪、大花白猪、宁乡猪、皖浙花猪、武夷黑猪、蒲田猪、大围子猪等。

（五）江海型种猪

主要分布于长江下游和沿海地区，地处华北型和华中型中间狭长的过渡地带。毛黑色或有少量白斑，头中等大，耳大下垂。性成熟早，以繁殖率高称于世。母猪平均窝产仔13头以上，乳头8对左右。经济成熟早，增重快，屠宰率在70%左右。代表品种有太湖流域的太湖猪、姜曲海猪、安徽的圩猪、虹桥猪等，其中太湖母猪是出名的产仔数最多的母猪品种。

（六）太湖母猪

太湖母猪主要分布在浙江和江苏的太湖流域，是世界知名的猪种，繁殖力很强，肉质好，口感好。太湖母猪比国外瘦肉型母猪脂肪多，肌间脂肪含量高，口感好。太湖母猪繁殖性能好，太湖母猪平均产仔数14头以上，国外瘦肉型母猪（长白猪、大白猪等），平均产仔数是10～12头。

（七）西南型种猪

主要分布于云贵高原和四川盆地。头大，腿粗短，毛以全黑或“六白”为主，也有黑白花和红毛猪。繁殖率中等，窝产仔8～10头，乳头5～6对。育肥能力强，屠宰率65%～79%，多属肉脂兼用型。代表品种有荣昌猪、内江猪、成华猪、乌金猪、雅南猪等。

（八）高原型种猪

主要分布在青藏高原等高海拔地区。体型小，似野猪，头狭长呈锥形，腹小而紧收，臀倾斜。毛为全黑或黑白花。繁殖率低，乳头5对居多，窝产仔5～6头，哺育率不高。成年体重小，属于晚熟品种。肉味醇香，但屠宰率较低，仅65%左右。代表品种有青藏高原的藏猪。

四、外来引进种猪

（一）汉普夏猪

汉普夏猪属瘦肉型猪品种。原产于英国南部，由美国选育而成。汉普夏猪具有独特的毛色特征，肩和前腿部为白色，其他部位为黑色，故有“银带猪”之称。

1. 体型外貌

全身主要为黑色，肩部到前肢有一条白带环绕，俗称白肩（带）猪。头大小适中，颜面直，耳向上直立，中躯较宽，背腰粗短，体躯紧凑、呈拱形。背最长肌和后躯肌肉发达。

2. 生产性能

汉普夏猪从 25.6kg 到 97.6kg 日增重 697g/d，饲料利用率 2.95∶1。据测定，体重 91.7kg 育肥猪 6 头，平均膘厚 1.76cm，眼肌面积 28.7cm^2，胴体瘦肉率 60.7%。胴体品质好。母猪平均产仔数仅 9 头，但仔猪硕壮而均匀，母性良好。胴体瘦肉率 65% 以上。杂交配套生产体系中可用作终端父本，也可作母本。

（二）长白猪

长白猪原名兰德瑞斯猪，原产于丹麦，是世界著名的瘦肉型猪种。按引入先后，长白猪可分为英瑞系（即老三系）和丹麦系（新三系）。长白猪是目前我国引进最多的国外猪种。长白猪具有产仔数较多，生长发育快，省饲料，胴体瘦肉率高，但抗逆性差，对饲料营养要求高等特点。主要分养在浙江、河南、湖南、湖北、广东和河北等省。

1. 体型外貌

长白猪全身被毛呈白色，头小清秀，颜面平直。耳向前倾平伸略下耷。大腿和整个后躯肌肉丰满，蹄质坚实，体躯前窄明显、呈流线型。体躯长，有 16 对肋骨，全身被毛白色。乳头 6 ～ 7 对。

2. 生产性能

长白猪生长速度快，屠宰率高，屠体较长，胴体瘦肉率高。据测定，体重 30.7 ～ 72.28kg 阶段，日增重 731g/d，每千克增重耗混合料 3.38kg，屠宰率 71.66%。据丹麦测定，日增重 793g/d，料重比 2.68∶1，胴体瘦肉率 65.3%。各地用长白猪作父本与本地母猪开展二元或三元杂交，均有较好的杂交效果。日增重比本地猪提高 10% ～ 26%，瘦肉率增加 5% ～ 8%。长白猪性成熟较晚，6 月龄开始出现性行为，9 ～ 10 月龄体重达 120kg 左右开始配种。初产母猪产仔数 10 ～ 11 头，经产母猪产仔数 11 ～ 12 头。

（三）皮特兰猪

皮特兰猪原产于比利时的布拉帮特省，是由法国的贝叶杂交猪与英国的巴克夏猪进行回交，然后再与英国的大白猪杂交育成的。主要特点是瘦肉率高，后躯和双肩肌肉丰满。

1. 体形外貌

皮特兰猪毛色呈灰白色并带有不规则的深黑色斑点，偶尔出现少量棕色毛。头部清秀，颜面平直，嘴大且直，双耳略微向前；体躯呈圆柱形，腹部平行于背部，肩部肌肉丰满，背直而宽大。体长 1.5 ～ 1.6m。

2. 生产性能

在较好的饲养条件下，皮特兰猪生长迅速，6 月龄体重可达 90 ～ 100kg。日增重 750g/d 左右，每千克增重消耗配合饲料 2.5 ～ 2.6kg，屠宰率 76%，瘦肉率可高达 70%。

皮特兰猪公猪一旦达到性成熟就有较强的性欲，采精调教一般一次就会成功，射精量 250 ～ 300mL，精子数每毫升达 3 亿个。母猪母性不亚于我国地方品种，仔猪育成率在 92% ～ 98%。母猪的初情期一般在 190 日龄，发情周期 18 ～ 21d，每胎产仔数 10 头左右，产活仔数 9 头左右。

3. 杂交利用

由于皮特兰猪产肉性能高，多用作父本进行二元或三元杂交。用皮特兰公猪配上海白猪（农系），其二元杂种猪育肥期的日增重可达 650g/d，体重 90kg 屠宰，其胴体瘦肉率达 65%；皮特兰公猪配梅山母猪，其二元杂种猪育肥期日增重 685g/d，饲料利用率为 2.88∶1，体重 90kg 屠宰，胴体瘦肉率可达 54% 左右。用皮特兰公猪配长 × 上杂交母猪（长白猪配上海白猪），其三元杂种猪育肥期日增重 730g/d 左右，饲料利用率为 2.99∶1，胴体瘦肉率为 65% 左右。

（四）杜洛克猪

杜洛克猪，产于美国，于 19 世纪 60 年代在美国东北部由美国纽约红毛杜洛克猪、新泽西州的泽西红毛猪以及康涅狄格州的红毛巴克夏猪育成的。原来是脂肪型猪，后来为适应市场需求，改良为瘦肉型猪。这个猪种于 1880 年建立了品种标准，是当代世界著名瘦肉型猪种之一。

1. 体型外貌

杜洛克猪适应性强，对饲料要求低，喜食青绿饲料，能耐低温，但对高温的耐力较差。杜洛克猪原种应具备毛色棕红、结构匀称紧凑、四肢粗壮、体躯深广、肌肉发达，属瘦肉型肉用品种。此外，由于对白色猪的需求也开发出了白色杜洛克。这种白色杜洛克猪为杜洛克猪与白色品种的猪杂交获得。头大小适中、较清秀，颜面稍凹、嘴筒短直，耳中等大小，向前倾，耳尖稍弯曲，胸宽深，背腰略呈拱形，腹线平直，四肢强健。公猪包皮较小，睾丸匀称突出、附睾较明显。母猪外阴部大小适中、乳头一般为 6 对，母性一般。

2. 生产性能

繁殖性能指标母猪初情期 170 ～ 200 日龄，适宜配种日龄 220 ～ 240d，体重 120kg 以上。母猪总产仔数，初产 8 头以上，经产 9 头以上；21 日龄窝重，初产 35kg 以上，经产 40kg 以上。生长发育 100kg 体重的日龄 180d 以下，饲料转化率 2.8∶1 以下。胴体品质在 100kg 体重屠宰时，屠宰率 70% 以上，背膘厚 18mm 以下，眼肌面积 33cm^2 以上，后腿比例 32%，瘦肉率 62% 以上。肉质优良，无灰白、柔软、渗水、暗黑、干硬等劣质肉。

3. 杂交效果

由于杜洛克猪具有增重快、饲料报酬高［料肉比为（2.8 ～3.2）∶1］、胴体品质好、眼肌面积大、瘦肉率高等优点，而在繁殖性能方面较差些。故在与其他猪种杂交时，经常作为父本，以达到增产瘦肉和提高产仔数的目的。杜洛克猪具有生长发育快、饲料报酬高、瘦肉率高几大特点，在生产商品猪的杂交体系中适合作终端父本。最常用的配套系为杜洛克 ×（长白 × 大白），即俗称的杜洛克猪。杜洛克猪适应性好，无应激敏感现象，易饲养管理成功，广泛适合于工厂化养猪和农户饲养。杜洛克猪身体健壮、强悍，耐粗性能强，是一个极富生命力的品种。生长快，饲料利用率高。该品种的缺点是繁殖力不太高，母性差，胴体产肉量稍低，肌肉间脂肪含量偏高。

五、典型地方猪种介绍

（一）蓝塘猪

蓝塘猪，原称芙蓉猪，又名蓝塘铁猪、蓝塘土猪，因中心产区在广东省河源市紫金县的蓝塘镇而得名。蓝塘猪体型中等，头大小适中，额部有菱形和三角形皱褶。毛色较整齐一致，黑白分界比较平整，具有抗病力强、生长快、肉质细嫩、皮薄等特点。

（二）武夷黑猪

武夷黑猪产于武夷山脉西侧山麓各县，繁殖中心在江西省南城县的里塔、株良，宜黄县的南源，广昌县的塘坊等。武夷黑猪能适应武夷山区多雾、潮湿气候，具有脂肪沉积多、早熟、皮薄、肉嫩等特点。

（三）黔邵花猪

黔邵花猪可分为绥宁县的东山猪、新晃县的凉伞猪和溆浦县的龙潭猪。主要分布于湖南怀化、邵阳等地，该品种毛色均为黑白花，但有“两头乌”和

"大黑花"之分。

（四）宁乡花猪

宁乡猪又称宁乡土花猪，产于湖南长沙。毛色有乌云盖雪、大黑花、烂布花 3 个类型；头型有狮子头、福字头、阉鸡头 3 种。

（五）陆川猪

陆川猪是广西壮族自治区玉林市陆川县特产，全国农产品地理标志。陆川猪成熟早、繁殖力高，母性好、遗传性能稳定，适应性广、耐粗饲，并且抗病能力强，肉嫩味鲜、体型紧凑。

（六）荣昌猪

荣昌猪主产于重庆荣昌区和四川隆昌市两地，具有耐粗饲、适应性强、肉质好、瘦肉率较高、配合力好、品质优良、遗传性能稳定等特点。

（七）三江白猪

三江白猪主要产于黑龙江省东部合江地区境内的国有农牧场及其附近的县、社养猪场。

（八）辽宁黑猪

地方良种，头大小适中，耳前倾下垂，嘴稍长，体质结实，结构匀称，被毛纯黑。

（九）东北民猪

东北民猪是东北地区的一个古老的地方猪种，有大（大民猪）、中（二民猪）、小（荷包猪）3 种类型。

第二节　优势品种的更新

一、不同阶段猪群的不同选育指标

（一）断奶前的挑选

（1）断奶时种猪的各种性状还没有表现出来，主要是按照父母的成绩、同窝仔猪的整齐程度、个体的生长发育以及体质形状和有无遗传缺陷等进行窝选。因为产仔数、初生重和断奶头数等繁殖性状已经表现出来，断奶时应当按照这些性状进行选留。

（2）断乳时挑选应根据父母和祖先的品质，外貌要求无明显缺陷、失格和遗传疾患。失格主要指不合育种要求的表现，如乳头数不够，排列不整齐，毛色和耳形不符合品种要求等。遗传疾患如疝气、乳头内翻、隐睾等。这些性状在断奶时就能检查出来，不必继续审查，即可按规定标准淘汰。由于在断奶时难以准确地选种，应力争多留，便于以后精选，一般母猪至少应达 2∶1，公猪 4∶1。

（二）保育结束的挑选

1. 25 ～ 30kg 阶段仔猪挑选

该阶段仔猪受母体影响逐渐消失，其本身遗传性能开始显现，应参考个体生长发育状况，参考父母遗传性能和哺乳期间的生产性能，淘汰生产发育差、有遗传缺陷和体形外貌不符合选育任务的个体。有条件的猪场可把选留的种猪聚拢在饲喂条件较好的栋舍，安排技术娴熟的工人进行生长性能测定，应体重大致相同、公母分开且注意饲养密度。

2. 50 ～ 60kg 阶段的挑选

它是在前 2 个阶段的挑选基础上把生长性能低下和有遗传缺陷的种猪排除，在此阶段种猪受母体的影响很小，挑选的主要依据是个体生长性能，同时应考虑体形外貌和繁殖性能需要。如 50 ～ 60kg 体重阶段根据其生长速度进行挑选。

3. 6 月龄时挑选

这是选种的重要阶段，因为此时是猪生长发育的转折点，许多品种此时可达到 90kg 左右活重。通过本身的生长发育资料并可参照同胞测定资料，基本上可以说明其生长发育和育肥性能的好坏。这个阶段选择强度应最大，如日本实施系统选育时，这一阶段淘汰率达 90%，而断奶时期初选仅淘汰 20%。这是因为断奶时期对猪的好坏难以准确判断。

（三）后备猪的挑选

从仔猪育成阶段到初次配种前，是后备猪的培育阶段，培育后备猪的任务是获得体格健壮、发育良好、具有品种典型特征和种用价值高的种猪后备猪（青年猪），及时选留高质量的后备猪，能保持种猪群较高的生产性能。根据种猪生长发育的特点做好后备猪的选择工作，适时掌握配种月龄，并制订后备猪的免疫程序。

1. 后备母猪的选择要点

母猪不仅对后代仔猪有一半的遗传影响，而且对后代仔猪胚胎期和哺乳期的生长发育有重要影响，还影响后代仔猪的生产成本（在其他性能相同的情况下，产仔数高的母猪所产仔猪的相对生产成本低）。后备母猪的选择应考虑以下要点。

（1）生长发育快，应选择本身和同胞生长速度快、饲料利用率高的个体。在后备猪限饲前（如 2 月龄、4 月龄）选择时，既利用本身成绩，也利用同胞成绩；限饲后主要利用育肥测定的同胞的成绩。

（2）体质外型好，后备母猪体质健壮，无遗传疾患，应审查确定其祖先或同胞亦无遗传疾患。体型外貌具有相应种性的典型特征，如毛色、头型、耳型、体型等，特别强调的是应有足够的乳头数，且乳头排列整齐，无瞎乳头和副乳头。

2. 后备母猪的选择时期

后备母猪的选择大多是分阶段进行的。

（1）2 月龄选择。是窝选，就是在双亲性能优良、窝内仔猪数多、哺育率高、断乳体重大而均匀、同窝仔猪无遗传疾患的一窝仔猪中选择。2 月龄选择时由于猪的体重小，容易发生选择错误，所以选留数目较多，一般为需要量的 2 ～ 3 倍。

（2）4 月龄选择。主要是淘汰那些生长发育不良、体质差、体型外貌有缺陷的个体。这一阶段淘汰的比例较小。

（3）6 月龄选择。根据 6 月龄时后备母猪自身的生长发育状况，以及同胞的生长发育和胴体性状的测定成绩进行选择。淘汰那些本身发育差、体型外貌差的个体以及同胞测定成绩差的个体。

（4）初配时的选择。此时是后备母猪的最后一次选择。淘汰那些发情周期不规律、发情征兆不明显以及技术原因造成的 2 ～ 3 次配种不孕的个体。

目前在我国的商品猪生产中，大多以地方品种或培育品种为母本，引入品种为父本进行杂交，在进行二元杂交时可考虑选用杜洛克或汉普夏为父本，也可选长白或大白作父本。

3. 后备公猪个体的选择

（1）生长发育快，胴体性状优良，应选择生长发育性状和胴体性状优良的个体。生长发育性状和胴体性状可依据后备公猪自身成绩和用于育肥测定的同胞的成绩进行选择。

（2）体质强健，外型良好。后备公猪体质要结实紧凑，肩胸结合良好，背腰宽平，腹大小适中，肢蹄稳健。无遗传疾患，并应经系普审查确认其祖先或同胞亦无遗传疾患。

（3）体型外貌具有品种的典型特征，如毛色、耳型、头型、体型等。

（4）健康状况。小型养猪场（户）经常从外场购入后备公猪，在选购后备公猪时应保证健康状况良好，以免将新的疾病带入。

如选购可配种利用的后备公猪，要求至少应在配种前60d购入，这样才有足够的时间进行隔离观察，并使公猪适应新的环境，如果发生问题，也有足够时间补救。

二、猪群品种更新与淘汰

种猪是养猪生产的重要物质基础。种猪的淘汰与更新是养猪生产的重点环节，需要正确把握、科学管理，才能使生产良性循环。随意性、盲目性操作只会带来损失。

淘汰的本意是用水洗净杂质；留下好的、去掉不合适的、保留合适的。种猪淘汰是将生产性能低下的、老弱病残的种猪处理掉，不用于再生产的过程。

种猪更新的本意是指除旧布新，可引申为去掉旧的、换成新的。种猪更新即去掉不符合生产需要的性能差的种猪，更换（补充）新的符合标准要求的种猪。

（一）种猪淘汰与更新的意义

（1）种猪是养猪生产的基础，其群体需要保持合理的年龄胎次结构，才能为优质高产创造条件。种猪群不及时淘汰更新会造成资源配置的浪费，导致生产成本的上升和经济效益的下降。

（2）科学合理地淘汰更新种猪，有利于生产计划目标的实现，有利于持续稳定地发展养猪生产。在市场行情不好，养猪效益处于低谷时期或预计低谷期来临之前，可加速淘汰更新，适当增加淘汰更新比例以调节生产量，减少亏损。

（二）种猪淘汰的标准

种猪淘汰不能盲目随意进行，应严格遵循淘汰标准，坚持做好现场鉴定，分周分月有计划地均衡淘汰。对种母猪最好是在每批仔猪离乳时鉴定一次，保持合理的年龄及胎次结构。对种公猪根据种用性能（如配种能力、精液质量、体况、年龄、健康状况等）随时进行鉴定，决定是否淘汰。无论淘汰种公猪还是种母猪，都必须考虑保持生产的良性循环，其淘汰的速度、节律要合适，这是基本原则。

1. 种公猪淘汰的标准

（1）公猪连续 6 周以上精液检查不合格（如射精量少、精液密度低、死精或畸形精子数多）的，或有其他异常的应予以淘汰。

（2）患过猪流行性乙型脑炎、布鲁氏菌病或其他严重传染病久治不愈的应予以淘汰。

（3）患有严重肢蹄病难以康复的、不能站立运动的应予以淘汰。

（4）后备公猪有生殖器官缺陷（如阴茎弯曲、包皮过长）而又不能通过手术矫正的应予以淘汰。

（5）后备公猪超过 10 月龄仍然不能配种和正常采精的应予以淘汰。

（6）一般种公猪连续使用 3 年以上的，用于人工授精的种公猪使用 2 年以上的应予以淘汰。

（7）因其他原因而失去种用价值的公猪应予以淘汰。

2. 种母猪淘汰的标准

（1）经产母猪累计 3 胎次产活仔数窝均低于 7 头的。

（2）母猪累计发生 3 次习惯性流产且不明原因的。

（3）母猪配种后重复发情连续 3 次以上的。

（4）母猪断奶后 2 个情期（即 42d）以上不发情的。

（5）母猪连续 3 胎次所提供哺乳仔猪成活率低于 60% 的。

（6）经产母猪累计产仔 8 胎以上的。

（7）有咬仔猪恶癖的、泌乳力极低的、母性差的、多胎次难产的母猪。

（8）后备母猪超过 9 月龄以上不发情或发情但屡配不孕的。

（9）青年母猪第一、二胎产活仔数窝均在 7 头以下的。

（10）后备母猪有先天性生殖器官疾病的。

（11）后天疾病致使失去种用价值的，如传染病、产科病、肢蹄病等造成的危害。

（三）种猪更新比例的确定

母猪年淘汰更新率：在以生产育肥猪为目标的场（公司），其母猪年淘汰更新率定为 25% ～ 33%，即母猪的使用年限为 3 ～ 4 年；在以生产种猪为目标的种猪场（育种公司），其母猪淘汰更新率定为 35% ～ 45%，母猪的使用年限比育肥猪场要短一些，为 2 ～ 3 年。后备母猪在投产前的淘汰率一般在 10%，超过 10% 则不正常。

种公猪年淘汰更新率定为 40% ～ 50%，使用年限为 2.0 ～ 2.5 年；人工授精站的公猪，如果使用强度大，则淘汰更新率还要适当提高，可以定到50% ～ 60%，使用年限为 1.5 ～ 2.0 年。后备公猪淘汰率 15% ～ 20%，超过20% 为不正常。

（四）淘汰对象的鉴定

（1）由猪场人员提交淘汰种猪报告，注明种猪品种（品系）、来源、性别、年龄（或已产胎次）、编号、所在车间、状态、生产性能、淘汰原因等。

（2）由猪场技术主管对将被淘汰的对象进行现场鉴定和数据查验分析，做出是否淘汰的判定。

（3）技术主管对鉴定对象做出淘汰判定后，立即填写淘汰通知单，其基本信息要与淘汰申请上的内容对应，并写明淘汰理由，交场长审批，签上“同意淘汰”字样。也可以在淘汰申请报告单上核批签字，先由技术主管签字，再由场长签字。

（4）执行核批完毕交相关责任人（销售部门的人员和饲养员）对淘汰猪执行处理。对每头淘汰猪都要进行登记，并在种猪档案中注销。

（五）淘汰注意事项

（1）无特殊情况，母猪淘汰时间应安排在分娩后离乳时，公猪可视情况随机淘汰。

（2）淘汰尽量分批次执行，形成一定批量。不要今天 1 头、明天 1 头，过于零星，这样不利于做更新引入计划。

（3）在市场行情很差、养猪效益低时，可适当加大淘汰比例，调节生产总量和存栏量，以减少经济亏损。

（六）更新补充种猪群

在猪场栏舍相对固定、饲养面积不增加或减少的情况下，种猪群的数量需保持动态平衡。因此，需要根据种猪淘汰数量来制订更新计划，及时引入后备猪补充猪群的不足，以保证基础群有良好的结构比例，保持养猪生产的稳定性、连续性和持久性。如果需要从外面引种，应注意以下几点。

（1）到育种管理规范、记录资料齐全、市场信誉好、服务优良的种猪公司引种。

（2）引种必须符合目标品种的要求，注重对体型外貌、生产性能、有无明显的遗传缺陷等要素的选择。

（3）引种过程中必须做健康检查，除了做临床检查外，更重要的是做血液检测，一是进行某些疫病的抗体检测，二是做猪伪狂犬病和的野毒感染检测，通过健康评估后决定是否引种。另外，还要向供方索取系谱、档案、测定、免疫等相关记录。

（4）做好运输安全工作，装载前的消毒、途中护理、卸载时安保等都不可忽视。

（5）引种进场后按规定做好隔离驯化工作。

（6）后备猪的饲养管理、营养调控很重要，不得疏忽大意。应加强后备猪的健康管理，做好免疫保健等一系列工作，待性成熟、体成熟达标后适时投产。

第四章

引种及出栏时间选择

第一节 了解猪的生长周期

猪肉出栏周期是指从刚出生的小猪到达出栏重量的时间，通常以天计算。出栏重量通常根据市场需求和猪的品种而定，一般在 100 ～ 120kg。最佳出栏周期的确定需要综合考虑饲养经验、饲料成本、市场需求等因素。在通常情况下，养殖户会在猪的成长速度和肉质质量之间做一定的平衡。一般而言，出栏周期在 150 ～ 180d 比较合适。

一、猪的生长发育阶段

育肥猪主要有 3 个时期，哺乳期、保育期、育肥期。

（一）哺乳期

（1）在仔猪刚出生 3d 左右时一定要使其吃足初乳，同时要固定好奶头，防止母猪压到仔猪，做好保暖工作。

（2）5 ～ 7 日龄时可以给仔猪补料，让仔猪从认料到吃料过渡到断奶时的完全吃料。

（3）注意产房卫生和母猪乳房的卫生，防止仔猪产生腹泻。

（4）猪出生到断奶期（21 ～ 28d）为止，主要任务是保证猪只的生长健康，保证它们有足够的营养摄入和适宜的温度、湿度等环境条件。

（二）保育期

规模化猪场仔猪在保育阶段，面临着特定的生活环境，需要按时进行转群、并群、分群，而且是高密度饲养、高强度免疫，应激因素多，而应激带来的效益下降是不可估算的；保育仔猪对疫病的抵抗力差，又时刻处在疫病风险之下，特别是蓝耳病、圆环病毒病等免疫抑制病的顽固存在；加上断奶过渡和保育期的营养障碍、肠道损伤等原因，在猪场的所有生产阶段中，出问题最多、最难管理的就是保育仔猪。一定要让仔猪健康地断奶，主要是做好断奶应激防范工作。

1. 断奶

断奶是猪的生长过程中很关键的一个阶段，对仔猪精神和身体都会产生非常大的应激，所以必须做好断奶应激的防范工作。

（1）要不断净化猪场疫病环境，真正做到保育猪的全进全出。

（2）保育阶段的乳猪，正是被动免疫逐渐减弱、主动免疫刚开始建立的脆弱期，如果猪舍得不到彻底有效的消毒，就会给疾病交叉感染传播创造条件。

（3）在保育猪进入保育舍前，必须彻底冲洗地面、墙壁、水槽、料槽等，进行彻底消毒后方可转入。

（4）有些猪场，特别是一些老猪场，由于猪舍的设计存在弊端，生产安排不协调，保育猪舍中日龄相差悬殊，甚至几个批次的猪群同处，要真正做到全进全出有一定的难度，必须设法进行改进。

2. 减少各种应激因子

（1）保育阶段的乳猪，对温度的变化比较敏感，管理中仍需做好保温，舍内温度最好保持在 28 ～ 30℃。

（2）正确处理好保温与通风的关系，加强通风控制，减少因舍内污浊导致的肺炎等呼吸道病的发生。

（3）保育舍每圈饲养仔猪 15 ～ 20 头，最多不超过 25 头，圈舍采用漏缝或半漏缝地板，每头仔猪占圈舍面积为 0.3 ～ $0.5m^2$。

（4）转入保育舍后，其采食、饮水、排泄尚未形成固定位置，头几天要加强调教，让其分清睡卧区和排泄区，如果有小猪在睡卧区排泄，要及时把它赶到排泄区，并把粪便清洗干净。在每次清扫卫生时，都要及时清除休息区的粪便和脏物，同时在排泄区留一小部分粪便，这样经过 3 ～ 5d 的调教，仔猪就可形成固定的睡卧区和排泄区。

（5）保证充分饮水，并在饮水中适当添加葡萄糖、电解质、多维，以提高仔猪的抵抗力，降低应激反应；分群时要按照原窝同圈、体重相似的原则进行，个体太小和太弱的单独分群饲养。

3. 降低免疫应激水平

（1）各种疫苗的免疫注射是保育舍最重要的工作之一，在注射过程中，要先固定好仔猪，然后在准确的部位注射，不同类的疫苗同时注射时要分左右两边进行，不可打飞针。

（2）每栏仔猪要挂上免疫卡，记录转栏日期、注射疫苗情况，免疫卡随猪群移动而移动。

（3）在保育舍内不要接种过多的疫苗，主要是接种猪瘟、猪伪狂犬病以及口蹄疫疫苗等。对于出现过敏反应的猪，将其放在空圈内，防止其他仔猪挤压和踩踏，等过一段时间即可慢慢恢复，若出现严重过敏反应，则肌注肾上腺激素进行紧急抢救。

4. 要解决保育问题，轻松渡过保育关，必须抓好保育猪的细节管理

（1）在净化猪场疫病环境、减少各种应激因子的应激、尽量降低免疫应激水平的同时，要千方百计做好仔猪断奶过渡期和保育前期的营养管理工作。

（2）尽量克服和避免仔猪断奶后，从母乳过渡到教槽料、从教槽料过渡到保育料时，因营养改变所产生的两次应激造成的生长停滞和负增长，提升断奶仔猪的抵抗力，减少病原微生物在体内的存活。

（3）做好卫生定位，从仔猪转入之日起就应加强卫生定位工作（此项工作一般在仔猪转入 1 ～ 3d 完成，越早越好），使得每一栏都形成采饮区、睡卧区及排粪区的三区定位，从而为保持舍内环境及猪群管理创造条件。为了更快更好地调教仔猪定位，一般进猪前在栏舍的排泄区内先撒上一点猪的粪尿，这样小猪进来后便会在此区排泄。如果有小猪在睡卧区排泄，要及时把小猪赶到排泄区，并把睡卧区的粪便清洗干净。饲养员每次在清扫卫生时，要及时清除休息区的粪便和脏物，同时留一小部分粪便于排泄区。经过 3 ～ 5d 的调教，仔猪就可形成固定的睡卧区和排泄区，这样可保持圈舍的清洁与卫生。

（三）育肥期

1. 生长期的生理特点

体重 20 ～ 60kg 为生长期。此阶段猪的机体各组织、器官的生长发育功能不很完善，尤其是刚刚 20kg 体重的猪，其消化系统的功能较弱，消化液中某些有效成分不能满足猪的需要，影响了营养物质的吸收和利用，并且此时猪只胃的容积较小，神经系统和机体对外界环境的抵抗力也正处于逐步完善阶段。这个阶段主要是骨骼和肌肉的生长，而脂肪的增长比较缓慢。

2. 育肥期的生理特点

体重 60kg 至出栏为育肥期。此阶段猪的各器官、系统的功能都逐渐完善，尤其是消化系统有了很大发展，对各种饲料的消化吸收能力都有很大改善；神经系统和机体对外界的抵抗力也逐步提高，能够逐渐快速适应周围温度、湿度等环境因素的变化。此阶段猪的脂肪组织生长旺盛，肌肉和骨骼的生长较为缓慢。

（1）体重的增长规律。

在正常的饲料条件、饲养管理条件下，猪体的每月绝对增重，随着年龄的增长而增长，而每月的相对增重（当月增重 ÷ 月初增重 ×100），随着年龄的增长而下降，成年后则稳定在一定的水平。即小猪的生长速度比大猪快，一般猪在 100kg 前，猪的日增重由少到多，而在 100kg 以后，猪的日增重由多到少，至成年时停止生长。猪的绝对增长呈现慢—快—慢的增长趋势，而相对生长率则以幼年时最高，然后逐渐下降。

（2）猪体内组织的增长规律。

猪体骨骼、肌肉、脂肪、皮肤的生长强度也是不平衡的。一般骨骼是最先发育，也是最先停止的。骨骼是先向纵行方向长（即向长度长），后向横行方向长。肌肉继骨骼的生长之后而生长。脂肪在幼年沉积很少，而后期加强，直至成年。如初生仔猪体内脂肪含量只有2.5%，到体重100kg时含量高达30%左右。脂肪先长网油，再长板油。小肠生长强度随年龄增长而下降，大肠随着年龄的增长而提高，胃则随年龄的增长而提高。总的来说，育肥期20～60kg为骨骼发育的高峰期，60～90kg肌肉发育高峰期，100kg以后为脂肪发育的高峰期。所以，一般杂交商品猪应于90～110kg屠宰为适宜。

（3）猪体内化学成分的变化规律。

猪体内蛋白质在20～100kg这个主要生长阶段沉积，实际变化不大，每日沉积蛋白质80～120g；水分则随年龄的增长而减少；矿物质从小到大一直保持比较稳定的水平。如体重10kg时，猪体组织内水分含量为73%左右，蛋白质含量为17%；到体重100kg时，猪体组织内水分含量只有49%，蛋白质含量只有12%。

（4）生长育肥猪的营养需要。

①生长育肥猪的经济效益主要是通过生长速度、饲料利用率和瘦肉率来体现的，因此，要根据生长育肥猪的营养需要配制合理的日粮，以最大限度地提高瘦肉率和肉料比。

②动物为能而食，在一般情况下，猪日采食能量越多，日增重越快，饲料利用率越高，沉积脂肪也越多。但此时瘦肉率降低，胴体品质变差。蛋白质的需要更为复杂，为了获得最佳的育肥效果，不仅要满足蛋白质量的需求，还要考虑必需氨基酸之间的平衡和利用率。能量高使胴体品质降低，而适宜的蛋白质能够改善猪胴体品质，这就要求日粮具有适宜的能量蛋白比。由于猪是单胃杂食动物，对饲料粗纤维的利用率很有限，研究表明，在一定条件下，随饲料粗纤维水平的提高，能量摄入量减少，增重速度和饲料利用率降低。

③猪日粮粗纤维不宜过高，育肥期应低于8%。矿物质和维生素是猪正常生长和发育不可缺少的营养物质，长期过量或不足，将导致代谢紊乱，轻者增重减慢，严重的发生缺乏症或死亡。生长期为满足肌肉和骨骼的快速增长，要求能量、蛋白质、钙和磷的水平较高，日粮含消化能13.0～13.5MJ/kg，粗蛋白质水平为15%～16%，赖氨酸0.55%～0.65%，蛋氨酸+胱氨酸0.37%～0.42%，钙0.50%～0.55%，磷0.40%～0.45%。育肥期要控制能量，减少脂肪沉积，日粮含消化能12.2～12.9MJ/kg，粗蛋白质水平为13%～15%，赖氨

酸 0.5%，钙 0.45%，磷 0.35% ～ 0.4%，蛋氨酸 + 胱氨酸 0.28%。

3. 育肥猪的管理要点

（1）为猪提供合理的圈舍面积，一般 20 ～ 45kg 的猪 0.37m²/ 头，46 ～ 102kg 的猪 0.84m²/ 头即可。

做好通风工作，在夏天时一定要注意降温，冬天时要避免有害气体超标造成猪产生呼吸道疾病。

（2）及时调整猪群的均匀度，可以把小、弱的猪挑出来单独饲养，这种方法主要是通过增加营养解决问题，而不是添加大量的治疗药物。

（3）整个育肥期即猪只增肥阶段。这个阶段主要是通过合理的饲养管理和营养调控，使猪只得到充足的饲料和水，加速其体重增长，从而达到生产效益最大化的目的。

（4）对猪圈要进行定期消毒，育肥猪一般吃得多，长得快，但机体抗病弱，尤其是对细菌性疾病（如链球菌等）没有抵抗力。这些细菌性疾病都是调节性疾病，在一定范围内猪是不会发病的。

二、影响育肥猪出栏周期的因素

（一）饲料的品质和种类

优质饲料对猪生长的速度和质量都有很大的影响，科学合理地选择和搭配饲料，能够更好地提高猪的生长速度和肉质质量；饲料对增重影响很大。一是饲料数量的影响，猪吃得多，生长快，如 30kg 的小猪，日食 2.5kg 精料可长 1kg 体重，采食 2kg 料，只能长 0.7kg。当然，过多也会造成浪费。二是饲料品质的影响，如小猪日粮中所含蛋白质水平和氨基酸的种类，比例是否完全平衡。如粗蛋白质水平 18%，比 14% 的增重快，同时用混合饲料比单一饲料喂猪增重快。

（二）猪的品种和生长特性

不同品种和生长特性的猪的出栏周期也会存在一定的差异；不同品种在育肥过程中，在饲料、饲养管理、饲养时间、方法、措施等条件都相同，它的增重是不同的，如东山猪要比陆川猪日增重快 10% ～ 15%，不同杂交猪，其增重速度也不同，例如陆川母猪 × 约克公猪，平均日增重 500g/d，约杂一代母猪 × 长白公猪，平均日重 600g/d，一般杂种后代，比本地亲本的增重平均值提高 15% ～ 25%。

（三）环境因素

猪舍的温度、湿度、通风等直接影响猪的生长环境，进而影响出栏周期。

（四）疾病发生率

猪生长过程中是否得病，病的严重程度都会影响出栏周期。定期对猪舍消毒，对猪进行防疫接种，能够最大限度地降低疾病发生率，确保猪的健康快速生长。

综上所述，生猪出栏周期是生猪养殖中非常重要的环节，其最佳周期需要综合考虑多种因素。只要科学合理地进行饲养管理，就可以提高猪的生长速度和肉质，取得更好的经济效益。

三、温度对出栏时间的影响

温度对猪的健康有一定的影响，是由于猪对温度的体验是有标准的，过高不好，过低也不好。对猪而言，有一个最佳温度区域，即舒适区域，如果给猪提供的温度在舒适区域，猪不仅能保持健康状态，并且猪的生长性能也是最好的；温度稍高或稍低对猪的身心健康影响并不大，但却会影响猪的正常增重。

不同生长阶段猪的舒适圈也不同，仔猪怕冷，大猪怕热，即仔猪的舒适圈温度要高些，而大猪的舒适圈温度会低些，如大猪的舒适圈在20℃左右，而刚生的猪仔在35℃左右。

猪的适宜温度可以按以下方法估算，计算方法是：$T = -0.06W+26$。如体重20kg仔猪的适合温度为$T = -0.06\times20+26 = 24.8$℃，而100kg的肉猪的适合温度$T= -0.06\times100+26=20$℃。如果是公猪，体重达到200kg，则适宜温度为：$-0.06\times200+26=14$℃。这一公式并不是绝对的，也有一些偏差；在实际生产中还是以猪的具体情况来考量，冷则扎堆，热则分散，太热则会气喘。

（一）猪的各阶段温度需求特点

1. 猪的最适临界温度

（1）初生仔猪：32～35℃；4～10kg仔猪：24～29℃；断乳3～4周后的保育猪：15～25℃。

（2）育肥猪的下限温度为12℃。但下限温度也不是绝对的，一般来讲，脂肪型比瘦肉型对低温耐受性强，所以下限要低些。

（3）猪是恒温动物，能够适应一定范围内的环境温度变化。如果猪舍内环境变化超出这个范围，猪自身的体热调节不能维持体热平衡，使体内代谢发生障碍，从而直接影响猪的健康和生产性能。

2. 猪舍内环境

主要指小气候因素，这些小气候因素主要包括温度、湿度、气流、热辐射、光照、有害气体、粉尘、微生物、噪声等。其中，由温度、湿度、气流、热辐射组成的热环境直接影响猪体热调节，进而影响猪群的健康和生产性能。

3. 27 ～ 30 日龄断乳猪临界温度

在断乳 1 周后，平均采食量低于维持代谢能的需要量，呈负能量水平，维持体温主要依靠背脂。因此，需要将临界温度提高至 26 ～ 28℃，比 4 ～ 5 周龄提高 3 ～ 5℃，断乳 2 周后，临界温度可下降至 24℃。一旦断乳仔猪恢复正常采食，不发生腹泻，每周的临界温度可以下降 2 ～ 3℃，直至降到正常生猪临界温度 15 ～ 25℃。

4. 过高的环境温度会导致公猪睾丸散热困难

（1）因睾丸温度过高而引起精子代谢加强，精液质量下降，精子死亡速度加快，出现死精、弱精现象。

（2）高温对母猪的直接影响主要是在受精卵的着床期，极易造成死胚。母猪配种后 1d 开始，经历 5d 的热应激，胚胎成活率可从 69% 下降至 39%。母猪配种后 2 ～ 3 周到分娩前为敏感期，这期间热应激可能会对母猪受胎率、产仔数和产仔窝重产生影响。

（3）高温影响母猪的发情率和返情率。研究表明，仔猪断奶后，哺乳母猪夏季发情率（77.52% ～ 79.80%）比春季发情率（79.42% ～ 82.50%）低，而秋季和冬季发情率最高可达 86.30%，甚至 89.80%。

（4）热应激能降低哺乳母猪的采食量、泌乳量和小猪的增长率。高温对母猪泌乳量影响的直接原因是温度升高使皮肤血管舒张，血液更多地流向皮肤，远离乳腺等内部组织，从而导致泌乳量减少。当环境温度从 18℃提高至 28℃，泌乳量下降 25%，采食量减少 40%。

5. 猪的代谢率影响

根据猪的代谢率夜间低于白天的生理现象，夜间耗能少，夜间舍温可低于下限临界温度 5℃左右，并不影响生长。为节约成本，可以不加温，若温度波动较大，而且是瞬间型，对断乳仔猪则容易造成腹泻，为使其正常生长，仍需要保温措施。

6. 风速对猪的失热率与生长率有重要影响

一般仔猪比成年猪敏感。20kg 猪单饲，风速每增加 5m/s，临界温度下限升高 1℃；群饲临界温度下限升高 1℃，风速为 21m/s。

7. 饲养密度也息息相关

按占圈面积每 1 头 /m²，每圈可放 10 ～ 20 头 20 ～ 40kg 的猪，可使临界温度下限降低 2 ～ 3℃，补加热量可减少 50% ～ 70%。

（二）温度对饲料转化率影响

1. 温度对育肥猪也有一定影响

在这个阶段，危害关键反映在生长发育速率和饲料转化率上；温度不在舒适圈，则会造成猪生长发育减缓，饲料使用率降低；从经济角度，猪生长发育慢则会推迟出栏，多养 1d 就得多耗费 1d 的饲料，增加养殖成本。

2. 测算保持消耗的公式

计算：460×W×0.75kJ，如果是 100kg 的体重，则 460×100×0.75= 14 546kJ，等于 1kg 精饲料的热量，如果饲料使用率减少，就算只减少 0.1 个百分点，对成本影响也是比较大的；针对 100kg 的出栏猪而言，等于多吃 10kg 精饲料。因此，能否给猪提供适宜的温度，会对养殖成本造成很大的影响，得算好成本账。

3. 最佳温度范围

在 0℃时，猪的平均日增重只能达到 0.54kg，料肉比则达到惊人的 9.45∶1，而温度过高也不好，如 35℃时，平均日增重只能 0.31kg/d，料肉比为 4.87∶1，生长育肥猪，最佳温度范围为 20 ～ 25℃，这个阶段日增重和饲料利用率都是比较理想的。

4. 环境温度超出等热区，就开始影响猪的生长育肥和饲料转化率

（1）高于上限临界温度和低于临界温度越多，其影响越大。

（2）在等热区，猪无热补偿，不需额外增加产热，用于生长和增重的能量最多，因而饲料的利用率也最高。

（3）在高温环境中，猪的采食量降低，其生长速度和增重也随之降低，同时，在高温环境中，当猪为加大散热而使产热增加时，这部分产热用于维持体热平衡，使猪的维持需要增加，饲料转化率降低。

（4）在低温环境中，猪的采食量增加，但机体散热量也大大增加，为保持体温恒定，机体加快体内代谢以提高机体产热量，这样猪的维持需要也明显增大，而用于生产的能量仍有限，所以在低温中猪的生长和增重也减缓，饲料利用率更低。

（5）较严重的冷热应激使猪的生长和增重停止，此时所采食饲料全用作维持需要，饲料转化率为零，进而还可能出现减重现象。我国农村传统养猪普遍存在的“一年养猪半年长”的现象，就是环境温度影响猪生长和增重的明显例证。

（三）温度对采食量的影响

低温下猪会增加热量消耗，增加采食量。当猪处于下限临界温度时，每下降1℃，日增重减少11～22g/d，饲料多消耗20～30g/d。如1头40～50kg的育肥猪，在10～25℃时，日均采食量2～2.5kg，日增重0.6～0.65kg；若气温下降至5℃，日增重0.4kg；0℃时日增重只有0.2kg。当降到–10℃时，日增重–0.2kg/d。

当猪处于上限临界温度时，气温每增加1℃，日增重减少30g/d，饲料消耗增加60～70g/d。如40～50kg的育肥猪，当温度上升至30℃时，日均增重0.4kg/d；升至35℃，日增重0.2kg/d；上升至38℃时，日增重为–0.6～–0.2kg/d。

母猪临产时应使保温箱内的温度达到30～35℃，分娩舍外部的温度应达到20℃左右。仔猪出生3d内应定时关入保温箱内，3d以后仔猪会形成吃完奶后回保温箱的习惯。

（四）温度对仔猪健康的影响

（1）初生仔猪如果温度过低，常出现冻死现象；有些猪尽管看起来没有冻死，但由于低温引起的低血糖，使猪抵抗力大大下降，成为易发病的猪群。

（2）哺乳仔猪如遇到低温，则容易引起消化不良和腹泻。在仔猪断奶时，往往吃进的食物量很少，只能消耗体组织，如果温度过低，易发生减重和腹泻；仔猪断奶时把温度提高2～3℃，可以缓解断奶应激。

（3）热应激是指人或者动物对受到超过自身体温调节能力的过高温度刺激时产生的非特异性应答能力的总和，夏季环境温度过高是造成热应激的主要原因。

（4）猪属于恒温动物，由于猪缺乏功能性汗腺且皮下脂肪厚，因此猪对温度变化极为敏感。生产实践表明，哺乳仔猪适宜温度为28～32℃，保育仔猪适宜温度为21～28℃，生长育肥猪适宜温度为15～24℃，母猪和公猪适宜温度为15～21℃。在适宜温度范围内，猪能通过自身的体温调节机制使产热和散热维持在平衡状态，而当环境温度超过猪的适宜温度范围时，猪的产热和散热就会失衡，超出自身的调节能力，容易发生热应激。

（五）高温对商品育肥猪出栏的影响

由于猪汗腺不发达，猪散热方式只能是辐射和传导两种。当高温季节来临，育肥猪整个卫生及“三点定位”的习惯将被改变，育肥猪采食量下降，延长出栏时间；为了减轻热应激，猪经常会躺卧在饮水器下面或粪尿中，造成卫生难搞，消毒困难；天热导致猪群饮水量大增，采食量降低，饲料浪费严重，育肥猪生长速度缓慢，出栏时间推迟，严重的常发生热射病、链球菌病、猪丹毒等，严重影响经济效益。

（六）提高舍内下限临界温度的主要措施

增加圈舍防寒保暖的功能。可以通过盖保暖层、砌保暖墙、门窗严实的措施，做好防寒保暖工作。窗户和通风口要离地面 1.5m 以上。还要防止贼风，坐北朝南或者坐南朝北可有效防范西北寒风的直接侵袭。

发酵床式猪舍可减少低温影响。

炕式猪舍提高舍温。

红外线保温灯、红外线加热板、锅炉暖气等均可有效增温。

（1）煤炉取暖。

北方养猪场冬天可以使用煤炉取暖。使用煤炉取暖时，可以直接在猪圈附近点燃使用普通燃煤、蜂窝煤，即可将环境温度提高，但这种方法很容易产生一氧化碳，导致猪以及养殖人员出现中毒的现象。

（2）锅炉取暖。

北方养猪场冬天可以使用锅炉取暖，在建设养猪场时，就要在猪圈的水泥地面下方安装循环水管，并与猪圈外的锅炉房连接，在冬季到来时，将锅炉水加热，使其顺着水管实现循环，即可保证猪圈的温度。

（3）暖风机取暖。

北方养猪场冬天可以使用暖风机取暖。暖风机也称作畜禽空调，在使用时要将其与锅炉连接，让暖风机在运行的过程中，将锅炉房产生的热量传递到猪圈中，从而使猪圈保持温暖的状态。

（4）红外线保温灯。

红外线保温灯取暖是目前使用最多的取暖方法。直接将红外线保温灯安装在猪休息、躺卧的区域顶部，即可为其提供温暖的环境，而且调节温度的方法较为简单，只需要调整保温灯离猪的距离即可。

（5）安装利用太阳能取热板。

养猪场在屋顶安装光伏指的是在猪舍屋顶上安装太阳能光伏发电系统，利用太阳能进行发电，通过太阳能电池板将太阳能转化为直流电能，再通过逆变器将直流电转化为交流电，供给猪场使用。所以养猪场可以在屋顶安装光伏发电系统，但是需要考虑以下因素。

①经济效益。

养殖场安装光伏，可以自己进行供电，就不用再花钱买电，而且多余的电也可以卖给其他人。但是，安装光伏发电系统的投资成本很大，我们首先要评估一下投资回报率，比如养殖场比较小，耗费资金安装光伏发电，得到的电不多，不够维持养殖场的日常运转，则不适宜安装。

②屋顶结构和承载能力。

在安装光伏发电系统之前，要计算猪舍屋顶的结构和负荷承载能力，光伏发电系统的组件包括太阳能电池板、支架和其他配件，屋顶得能承受住这些组件的重量，我们必须确保屋顶结构足够强固，能够支撑光伏组件的重量，并经受得住各种天气条件的考验，否则一搭上去就塌了，损失更大。

③光照条件。

光伏发电系统需要充足的阳光照射才能有效发电，我们要确保猪舍屋顶暴露在阳光下，没有被其他建筑物或树木阻挡，以获得最佳的光照条件。因此猪场所在地的地理位置和气候条件对于光伏发电的效益至关重要，如果猪场所在地阳光充足、年平均日照时间较长，那么光伏发电的效益就会更好。平时在喂猪时，可以给猪饮水添加多维太保，给猪补充全面的营养物质。

④安全维护。

安装光伏发电系统需要进行专业的设计和安装，以确保其安全性和可靠性。此外，考虑到猪舍特殊的工作环境，如氨气浓度、湿度等，需要采取相应的防护措施，以确保光伏发电系统的正常运行和维护。

（6）铺加干净的垫草垫料。

一般保持厚度在 20cm 以上，垫料长度在 2cm 以上，直径在 3mm 左右为宜，越柔软效果越好。

四、湿度对出栏时间的影响

首先要明确，潮湿不等于湿度，因为湿度只代表空气中水的含量，而潮湿除了空气外，更多的是地面和墙壁。如果遇到夏季产房仔猪腹泻不止，可以从潮湿上考虑；如果遇到新转猪群的猪腹泻或出现其他不适，也可以从潮湿上考虑。

（一）潮湿引发疾病的原因

潮湿为什么会引发疾病，主要还是与温度有关系。比如夏季哺乳仔猪容易腹泻，往往是因为猪舍潮湿，不但是空气潮湿，更严重的是地面潮湿和保温箱内潮湿。如果地面潮湿，则在干燥过程中，需要吸收空气中的热量，使周围环境温度降低，首先变化的就是距地面只有 25 ～ 30cm 的网床，而这正是仔猪躺卧和活动的地方；如果保温箱内潮湿，则直接影响与之相接触的仔猪；因此，即使空气中温度不低，但仔猪所感受的有效温度则不足，因温度不适造成仔猪消化机能降低，消化道抗病力减弱，从而引发疾病。

猪由干燥环境进入潮湿环境，也会出现明显的不适应，这一现象常出现在猪的转群过程中。因为现在多数是全进全出饲养模式，每次猪转出后，都要经过彻底的清理消毒，如果猪群周转比较紧，往往出现猪舍尚未干燥时就需要将猪转入，尽管网床干了，但地面墙壁仍没有干燥；温度不足时，猪会受冷，温度高时，又会出现湿度过大；再加上转群其他的应激，猪群发病的可能性非常大。

（二）潮湿的产生

夏季产房潮湿，往往与天热时母猪玩水有关，也与饲养员为降温冲洗地面过频有关。因高温问题一直没有更好的办法，所以使产房一直处于潮湿环境中。冬季产房湿度大，往往是由于封闭过严，舍内水汽无法排出，遇到较冷的墙壁和屋顶，再次结成水流到地面，这样循环往复，使舍内一直处于潮湿状态；这种现象在寒冷地区经常出现。空猪舍潮湿，是因为冲洗消毒的缘故；许多人重视消毒，在冲洗干净后反复消毒，使猪舍无法干燥；如果猪舍急用，只能进入潮湿的环境中。

（三）潮湿的有效控制

1. 加大通风

只有通风才可以把舍内水汽排出，通风是最好的办法；但如何通风，则根据不同猪舍的条件采取相应措施，以下是几种加大通风的措施。

（1）抬高产床。使仔猪远离潮湿的地面，潮湿的影响会小得多。

（2）增大窗户面积。使舍内与舍外通风量增加。

（3）加开地窗。相对于上面窗户通风，地窗效果更明显，因为通过地窗的风直接吹到地面，更容易使水分蒸发。

（4）使用风扇。风扇可使空气流动加强，这一办法在空舍使用时效果非常好，我们曾在保育舍无法干燥时，使用大风扇昼夜吹风，很快使保育舍变干燥。

2. 节制用水

（1）潮湿敏感的猪舍（如产房、保育前阶段），应控制用水，特别是尽可能减少地面积水。

（2）我们不能控制雨水的问题，但是可以减少猪圈里的水。特别是在产房和保存阶段，减少不必要的用水需要加强对工作人员的培训和管理。

（3）猪舍不应有水的地方，不得用水；必须用水的地方，必须适当减少用水量。同时，如有漏水，必须及时修理房屋内的水管，并注意日常清洁工作，这是非常重要的。

（4）干净的猪圈可以有效地减少细菌或病毒疾病的发生。要尽量减少地面积水的现象，如有水，应及时擦干。

3. 地面铺撒生石灰

（1）舍内地面铺撒生石灰，可利用生石灰的吸湿特性，使舍内局部空气变干燥。

（2）生石灰还有消毒功能。

（3）生石灰吸湿时会散放热量，使舍内温度升高。但生石灰吸湿时散发的热量很少，对舍内温度影响不大，同时相对于高湿的危害，即使舍温略有升高也还是利大于弊。

4. 烤干铺板

在舍内大环境不易控制的情况下，单纯给仔猪提供局部小气候也有不错的效果，方法是经常将仔猪铺设的木垫板用火炉烤干，或者给出生几天的小猪铺干燥的布或地毯等，这样使小猪避免在潮湿的铺板上躺卧，对预防小猪腹泻也有一定效果。

5. 低温水管

低温水管也有吸潮的功能，如果低于20℃的水管通过潮湿的猪舍，舍内的水蒸气会变为水珠，从水管上流下。如果舍内多设几趟水管，同时设置排水设施，也会使舍内湿度降低。

五、饲养密度对出栏时间的影响

饲养密度是指家畜在一定空间范围内的密集程度，通常以单位数量家畜占有生活空间面积或者一定面积的载畜量来表示。饲养密度应在适宜的范围内，密度过小，一方面会降低圈舍利用率，造成圈舍资源浪费；另一方面也会影响圈舍温度的保持，使畜禽维持净能增加，生产净能减少，从而影响增重。有资料记载圈舍饲养能在一定程度上刺激动物采食，采食量相比于单栏饲喂的畜禽有一定的增加。而饲养密度过大，会增加畜禽间的相互影响，使个体采食量、采水量、生活空间不足，引发动物攻击行为和应激反应，同时也增加了畜舍环境的负担，使畜舍卫生条件下降，病菌繁殖力增加，畜禽抵抗力降低，易诱发畜禽传染性疾病。

饲养密度的适宜范围会依据畜种和生长阶段的不同而不同，我国《标准化规模养猪场建设规范》（NY/T 1568—2007）列出了不同阶段猪的饲养密度。

（一）饲养密度对猪采食规律的影响

（1）掌握猪的采食规律，做到适量、适时地饲喂，满足猪的生长发育的营养要求，并最大程度地节约饲料、提高饲料报酬。

（2）采食规律由采食时间、采食频率和采食量 3 个要素决定。猪群有 2 个采食高峰：6:00—8:00 和 15:00—18:00，采食时间可作为采食量大小的一个参考。研究表明，随着饲养密度的增加，猪群的平均日采食时间会减少，采食高峰时间会出现偏差。

（3）采食频率因受采食时间的影响，只能作为反映采食量大小的参考，随着饲养密度的增加，猪群的平均日采食次数减少。

（4）采食量可直观反映猪群的健康状况和生长性能，饲养密度从 0.44 头 /m^2 增长至 0.56 头 /m^2 时，日采食量显著减少，而当饲养密度低于 0.39 头 /m^2 时，日采食量也会减少。

（5）当饲养密度高于一定范围后，采食时间、采食频率以及采食量都会有降低的趋势，表明饲养密度过高会影响猪群的生长性能。

（二）饲养密度对生长性能的影响

（1）猪群的饲养密度对猪的增重速率以及饲料报酬都有影响。

（2）当饲养密度过低，并且猪舍气温相对较低时，猪的维持净能增加，竞争性采食效果减少，增重速率减少。

（3）当饲养密度过大时，采食的竞争过大，导致弱者采食量不足，影响增重效果。

（4）高饲养密度所引起的应激反应会促进交感神经的活化，促进儿茶酚胺和糖皮质激素的释放，从而使机体的新陈代谢速度加快，严重影响猪的增重；并且造成猪群内打斗增多、休息静卧时间减少、舍内环境污染严重等问题，使猪活动增多，应激和患病概率增加。

（5）随着高密度饲养规模下猪群打斗行为、心理和环境应激行为的增多，猪肉品质下降，这是因为应激反应会造成体内失水增多，体内甲状腺素、肾上腺素和一些毒素的分泌增多。

（三）饲养密度对行为习惯的影响

（1）猪是社会性很强的动物，群居性会给猪只带来好处，如通过竞争性采食可以互相促进采食、增加安全感，减少因外界环境改变带来的应激、互相取暖等，但是随着饲养密度的增大，群居性也会给猪群带来危害。

（2）当饲养密度过大，猪只往往会由于活动空间、采食空间等不足，使猪只本身的一些行为习惯受到抑制，如修饰、散步、嬉戏以及与猪群其他成员间的社交活动等，并且还会因食物、空间等的不足，引发争斗行为。

（3）除了这些心理、社交的应激，猪群的饲养密度过大还会很大程度地影响猪舍环境，引发猪对不良生活环境的应激，在这 3 个方面的应激下，使猪只的生理机能、行为习惯和环境难以协调，从而出现咬栏、咬尾、空嚼、异食癖等行为来宣泄心理压力。

（4）有研究表明，随着饲养密度的增大，猪群的咬斗频率会增大，站立时间会增多，而卧息时间会减少。

（四）饲养密度对健康状况的影响

（1）动物在应激状况下，下丘脑会释放促肾上腺皮质激素释放激素，促进垂体分泌肾上腺皮质激素，再促进肾皮质分泌糖皮质激素，皮质醇是最主要的糖皮质激素。研究表明，随着猪群的饲养密度增大，猪唾液的皮质醇含量增多，表明高的饲养密度会引发猪的应激反应，导致“应激性综合征”，使猪的免疫力下降，容易患病。

（2）密度过大使猪间接触挤压过多，挤压应激会增加猪胃溃疡的发病率。随着饲养密度的增加猪舍环境的负担加大，细菌很容易滋生，食物水源污染现象增多，粪尿发酵使有害气体增多。

（3）猪只在不洁净的饲养条件下患病概率会增大。研究表明，饲养密度对猪血清指标也产生影响，随着饲养密度的增加，猪血清中胆固醇、低密度脂蛋白胆固醇的含量明显增加。这说明饲养密度可能会影响一些能量物质在体内的分布和沉积，从而影响机体健康状态。

（4）饲养密度不同，个体获得的生存空间存在差异，从而影响其总体运动量、行为表现以及心理，应激程度造成个体能量物质代谢的差异。但是检测其他有关脂质代谢的指标，例如血清甘油三酯、3- 羟基丁酸却没有明显差异，具体原因机理还不明确。

（5）饲养密度过大所引起的打斗行为也会对猪只的健康造成威胁。如打斗时造成的皮肤损伤增加了猪只皮肤感染的概率。

（五）饲养密度对机体氧化还原稳态的影响

（1）高饲养密度下的猪处于环境、社交和心理三大应激状态下。有研究表明，应激可引起氧化状态的改变，导致机体中活性氧增多，抗氧化剂减少。

（2）有试验检测不同饲养密度下猪的血浆蛋白质时发现，高饲养密度环境下猪血浆中的蛋白质羟基相比于低饲养密度下的更多地被氧化。而羟基基团作为蛋白质氧化修饰的重要部分，是判定蛋白质氧化状态的标志。从而说明高饲养密度会加大动物的氧化应激水平，破坏机体氧化还原地稳态。

（3）随着血浆蛋白质氧化的增多，血浆中谷胱甘肽过氧化物酶的活性会代偿性地随之增强。

（六）饲养密度对繁殖性能的影响

（1）对后备母猪而言，高密度的生长环境会增加生殖功能发育不全的概率，主要原因考虑于高密度环境下带来的应激和生活资源的不平衡或者不足。

（2）饲养密度还会影响母猪的产仔数，在饲养密度较小的小群体中（每栏6头），母猪的平均产仔数为11头，在相对密度较大的大群体中（每栏10头），母猪的平均产仔数为10头。

（七）饲养密度对动物福利的影响

（1）动物福利是指动物享有表达其天性，享有不受饥渴、不受伤害威胁和生活舒适的自由。

（2）群居能够满足猪群居的天性，但是集约化生产中的高密度环境，极大限制了猪的活动空间，常常出现采食量、饮水量不足的现象，以及因争夺这些生活资源而出现的打架现象。

（3）心理上也会因为生活空间小、饥渴、打架争斗等产生负担，从而使猪群处于生活不舒适、活动受限、应激严重的环境中，严重地降低了动物的福利水平。

（八）饲养密度对猪舍环境的影响

猪舍环境的洁净程度和舒适程度很大地影响着猪群的健康水平和生长性能，而饲养密度对猪舍环境的影响是多方面的，直接关系到猪舍的温度、湿度、通风、微生物以及有害气体浓度等。

1. 饲养密度对猪舍内温度的影响

（1）适宜的舍内温度是所有动物生存生长的必要条件，除了温控设施外，饲养密度也能够影响舍内温度，饲养密度对猪舍温度的影响也应该考虑气候因素。

（2）天气寒冷时增加饲养密度有利于猪舍保温，反之，天气炎热时，降低饲养密度可以起到降低猪舍内局部温度、减少热应激的作用。

2. 饲养密度对猪舍内微生物的影响

（1）猪舍内的微生物组成比较复杂，与猪群的健康密切相关，主要来源包括：猪呼吸、排泄、体表携带、饲料、垫料、舍外空气、其他生物或者饲养员带入等。

（2）随着饲养密度的增加，舍内温、湿度增大，通风效果受到影响，排泄物增多，排泄物异常发酵产生异味及有害气体，导致细菌、病毒、真菌等有害微生物大量繁殖，污染食物和水源使猪群患病概率增加。

（3）有研究表明，曲霉菌广泛存在于自然界中，成熟后释放的孢子飘浮在空气中易诱发猪群霉菌毒素中毒症。此外，很多漂浮微生物易诱发猪群过敏反应，出现过敏性鼻炎、支气管炎等。

3. 饲养密度对猪舍内有害气体的影响

集约化密闭猪舍内的有害气体主要来源于猪的呼吸、排泄物以及一些有机物的分解，主要有氨气、二氧化碳、一氧化碳和硫化氢，有害气体富集会直接刺激猪呼吸系统，进入动物体内后易作用于机体造成中毒反应或降低机体免疫力，此外，也对饲养员的身体健康有一定的影响，严重时造成猪和人中毒身亡。

（1）二氧化碳（CO_2）主要来源于猪的呼吸，其本身并没有毒害作用，但是随着浓度的升高，就会造成猪缺氧，诱发 CO_2 慢性中毒，表现为精神萎靡、采食量下降、生产力降低、抵抗力下降并易感染疾病。研究表明，在环境洁净的猪舍中，CO_2 的浓度远小于环境相对肮脏的猪舍，所以 CO_2 也是猪舍环境洁净程度的一个重要指标，可以作为猪舍环境卫生评定的参考指标。

（2）对于一氧化碳（CO），除了寒冷气候下需要生火取暖的情况下燃料不完全燃烧产生 CO 外，一般猪舍中不会有 CO。猪 CO 中毒反应机理和人的一样，CO 与血红蛋白结合且生成物稳定，从而降低血红蛋白与氧气的结合和释放，从而使机体急性缺氧，造成机体呼吸、循环和神经功能障碍严重时会导致死亡。

（3）猪舍内硫化氢气体（H_2S）对猪群的影响，当猪采食蛋白质含量过高的饲料而导致消化代谢紊乱时，肠道就会排出 H_2S。H_2S 密度比空气轻，有刺激性气味，是一种强神经性毒剂，主要是刺激黏膜系统，表现为畏光、流泪，常引发角膜炎、鼻炎、气管炎、肺水肿等疾病，经呼吸作用进入血液后，会使细胞色素氧化酶失活，而细胞色素氧化酶可参与血红素中的铁原子的氧化，从而导致组织缺氧。低浓度的 H_2S 会降低猪的免疫力，容易诱发胃肠道疾病、心脏衰竭、植物性神经麻痹等症状。高浓度的 H_2S 会抑制猪的呼吸中枢，引起猪只窒息死亡。研究表明，猪舍中的 H_2S 浓度应低于 10mg/m^3，H_2S 浓度过高会影响猪的采食量，出现神经质、呕吐等症状。

（4）猪舍内氨气（NH_3）对猪群的影响，猪舍中 NH_3 气体来源于腐败饲料和猪的粪尿，主要以猪的粪尿来源为主。NH_3 易溶于水，有刺激性气味，低浓度的 NH_3 会引起呼吸中枢的兴奋，并且 NH_3 可以与血红蛋白结合，从而降低了血红蛋白与氧气的结合，使机体出现缺氧症状。高浓度的 NH_3 一方面能够引起呼吸中枢的麻痹，另一方面能够直接作用于机体组织，使组织出现溶解和坏死，从而出现心肌损伤等严重症状。研究表明，NH_3 在猪舍中的浓度与温度相关性大，温度升高，溶于水的 NH_3 易释放。猪舍中 NH_3 的浓度超过 38mg/m^3，就会影响猪的增重；当超过 70mg/m^3，会诱发呼吸道疾病；达到 400mg/m^3，会引起呼吸中枢的麻痹，甚至死亡。

六、饮水设备及饮水量对出栏时间的影响

（一）水质的好坏

水质的好坏是影响猪生长状况的重要因素之一，因此在水源充足的情况下，就要求对水的品质进行检测，保证饮用水符合标准，对人畜无害。影响水质的因素主要有微生物、金属离子、硫酸盐和硝酸盐含量、pH 值等。基于以上影响水质的因素，猪场要做到每月 1 次的检测，保证水质良好。如果发现水质问题，就要及时采取相应的措施处理，保证猪群健康。

1. 水源是选场址的先决条件

（1）猪场水源要求水质良好，便于取用和进行卫生防护，并易于净化和消毒。

（2）水源水量必须满足场内生活用水、猪只饮用及饲养管理用水（如清洗调制饲料、冲洗猪舍、清洗机具、用具等）的要求。

（3）水是有限的资源，不能浪费，猪在任何时候都需要，并且要被猪真正地利用，才能发挥其作用，提高猪场的生产效益。

（4）水源决定了是否适合猪只饮用，一般以自来水、水库水、深井水为主，建议每年要进行定期检测水质及出水量，以免影响饮水加药和对饮水系统产生不利影响。

（5）水质的检测应安排在每年的出水期，因为此阶段水量最少，水中内容物浓度最高，便于检测。

2. 控制水中微生物

（1）水中可能含有各种微生物，尤其是长期受污染的包括各种细菌和病毒。这些微生物是否会产生有害作用，取决于微生物的类型和数量。细菌中以沙门氏菌、钩端螺旋体属及埃希氏菌属最为常见，还可能携带致病性原虫和肠道蠕虫的虫卵或蚴。

（2）总可溶性固形物（TDS），是测定溶解在水中的总无机物含量的指标。大多数水源特别是地球表面水中都含有猪所必需的各种矿物质元素。猪从中可获得部分钠、钙和硫等元素。以碳酸氢盐、氯化物和硫酸盐形式存在的钙、镁和钠是高 TDS 水中最常见的矿物质。

（3）水中小于 1 000mg/L 是安全的，TDS 大于 6 000mg/L 时，虽然健康状况和生产性能不受影响，但可能导致暂时性的腹泻及饮水量增加，大于 7 000mg/L 就会有危险，这种水不宜作为猪饮用水。

3. 水的硬度

水的硬度主要取决于水中钙离子和镁离子的含量，小于 60mg/L 为软水，60 ～ 120mg/L 为硬水，大于 180mg/L 为极硬水。即使是极硬水也很少影响猪的健康，但可导致输水系统不畅，摄入量过大。

4. 注意铁离子是否超标

水中铁含量超过 0.3 ～ 0.5mg/L 便有锈味，如达到 3mg/L 便有肉眼可见的锈色。

5. 水的 pH 值

水的 pH 值与水质并没有直接关系，这是因为一般的水样 pH 值均在 6.5 ～ 8.5 的可接受范围内。但是高 pH 会使氯化效率降低，低 pH 会引起一些经水转运的抗菌物质沉淀，磺胺类药物尤其危险，且能导致胴体内磺胺类药物的残留。如果水的 pH 值过低，长期使用可能会使供水管道遭到腐蚀，增加猪场的建设成本。

6. 土壤中氮肥的大量使用及动物粪尿

土壤中氮肥的大量使用及动物粪尿对水的污染，可导致饮用水中硝酸盐浓度大幅度升高。亚硝酸盐可将血红蛋白变成高铁血红蛋白，降低血液携氧能力，硝酸盐和亚硝酸盐还能损害猪对维生素 A 的利用，水中亚硝酸盐氮超过 300mg/L 时就会形成足够的亚硝酸盐引起中毒。硫酸盐含量在 3 000mg/L 时对猪无明显影响，只是排稀便，饮水量增加。

（二）饮水设备类型

传统水槽方式、新式饮水器方式。

1. 传统水槽方式给水

（1）水质容易被猪只污染，不及时清刷，还可能产生水臭。

（2）水槽给水，要经常清刷和清洗，保持水的清洁。

（3）建议猪群在全进全出时对饮水系统进行清洗，一般选用能够清除生物膜和病毒的消毒剂，如：过硫酸氢钾、有机酸、无机盐等复方消毒剂，用高压枪将稀释好的消毒剂灌入饮水系统的管道中，有利于污物的排出，更彻底地清洗水管。

2. 新式饮水器方式给水

（1）比较清洁，但长期不检查，可能会出现因水中泥沙含量大而发生出水不畅，或饮水器被堵。所以一定要及时检查，清理饮水器。

（2）保持饮水器水流畅通，从而保证饮水的供应。

（3）对自动饮水器流量的要求是 1 ～ 1.2L/min；水嘴角度要求倾斜 45° 角。水嘴高度要求体重 10 ～ 30kg，高出背部 8 ～ 10cm；体重 30 ～ 60kg，高出背部 10 ～ 15cm；体重 60kg 以上，母猪高出背部 20 ～ 25cm。

3. 饮水器与生长阶段匹配

（1）哺乳母猪日需水量 24 ～ 45L；妊娠母猪和公猪日需水量 12 ～ 15L；育肥猪日需水量 9 ～ 12L；生长猪日需水量 5 ～ 7L；保育猪日需水量 3 ～ 5L。

（2）为了使猪能够喝到充足的饮水，饮水系统要与各种生产体系、不同日龄阶段的猪需要相匹配，为满足哺乳母猪在短时间内对饮水的大量需求，饮水器的出水量要求大于 2 ～ 2.5L/min。

（3）饮水系统的出水量必须满足哺乳母猪 12 ～ 24min 内喝够全天的饮水需要量，哺乳母猪 80% 的饮水用来合成乳汁，尤其要满足分娩后 5d 内的哺乳母猪的饮水量。

（4）饮水器的高度要适宜，过高和过低都会影响母猪正常的饮水量。合适的饮水器高度可保证所有的猪只都能喝到足量的水，如果饮水器高度过低，容易被猪只损坏并且不容易喝到水。

4. 当猪体缺水达到 20% 就可造成死亡

（1）猪缺水可造成采食量下降，生长迅速停止，以及出现一些异食癖，如咬尾、咬耳等。

（2）也可造成母猪分娩后产奶量减少，仔猪因腹泻造成死亡率增加，母猪体况下降，增加了母猪断奶到配种的时间。但在养猪生产中，人们往往忽略了水对猪的重要性及猪饮水的一些细节，给生产带来了非常大的影响。

（三）饮水不足对猪造成的危害

（1）在一般情况下猪的日常需水量，母猪的料水比为1∶（2.8～3.6）；保育猪的料水比为1∶3.35；生长猪的料水比为1∶2.5。当猪体失水10%时，猪就会出现不良反应；失水达到20%，就会出现生命危险。同时水温对猪的影响也很大，水温应保持在15℃左右，当水温低于10℃时，体内的消化酶不能发挥作用，饲料不能得到充分消化，而造成腹泻，水温过高，胃壁不能分泌胃液，也会影响饲料的消化吸收。

（2）哺乳母猪饮水量不足，母猪采食量下降，泌乳量减少，母猪体重损失大，仔猪断奶重小，尤其是分娩后7d内会使乳汁浓度过高，造成仔猪消化不良，产生腹泻。母猪如果饮水充足，可以使仔猪在24d断奶时体重增加1kg，母猪从断奶到配种缩短1d。

（3）仔猪饮水量不足仔猪生长速度缓慢，发育不良，无法发挥最大生长潜能。哺乳仔猪在出生1～2d内就要饮水。在第1周，每头仔猪每日每千克体重需要190g水（包括母猪乳汁中的水）。仔猪在诱食补料期间，采食量很少；但如果不供应饮水，采食量会更少。

（4）育肥猪饮水量不足，会使消化吸收能力下降，采食量下降，生长速度缓慢，出栏时间延长，成本增加。10～22周龄自由采食、自由饮水情况下，水料比平均为2.56∶1。可定期对水管进行抽查，随机按压水嘴查看是否有混浊的水流出，如果有，说明水嘴和饮水系统已被污染，需要清洗消毒。每年定期检测水的pH值，pH值在6.5～8.5都是猪合适的饮用水，这样有利于了解药物在水中的溶解度，可按水的酸碱度选择合适的药物。

七、适时通风与保暖对生长的影响

猪舍通风系统：负压通风是最简单、最廉价的一种通风方式。

（一）不同的通风模式对猪只的影响

1. 地面通道通风

在地面通道通风中，空气通过猪下面的通道进入舍内，随后经过调节后的空气通过位于猪栏上方的有漏缝的通道进入猪舍。温度传感器不可放在贼风中，因为贼风中温度波动太大，也会导致通风波动太大。

2. 天花板通风

空气通过天花板进入，向下流动。这种系统在猪群大时比较难，因为它们都躺卧在一起，有从粪坑中抽风的危险。矿棉绝热制品可能漏风，要定期检查。以前天花板通风广泛地使用塑料薄膜。天花板经常是孔太多，造成空气向下流动得太快。取决于多孔性能，边墙也可用塑料薄膜进行密封。矿棉天花板猪舍的 1/3 宽可用塑料薄膜进行密封。

3. 饲料走道通风

将门从中间锯开，让下半部分始终开着。大的进风口确保足量的、慢的风速，防止贼风。从 4 月初至 10 月中旬，门的上半部分也必须始终开着。不过气流必须通过引流导板进行导向，可以通过安装一个两面皆可推拉开关的门实现。饲料通道必须是空的，障碍物会改变通风方式。

4. 联合通风

（1）空气通过天花板上的一个狭窄入口直接向下到达视察通道。空气入口下面的 40cm 必须是可以控制的，这样就可以将冬天时的入口大小调整为夏天时的 1/3。

（2）夏天时的入口大小设置必须为 $2cm^2/m^3$ 气流。

（3）冬天的（10 月中旬至翌年 4 月上旬以及刚刚进猪的 1 个月）设置为夏天的 1/3。在这种系统中，空气也必须在猪栏的上方流动，因此要求围栏必须是实心的。

（4）温度传感器的位置必须与地面通道通风方式（第一种）的位置一样。

（5）非洲猪瘟暴发后，众多猪场防控细节做得很到位，但是防不胜防。长期不通风，空气中有很多粉尘是肉眼看不见的，粉尘中就有可能携带大量的病菌和病毒，从而导致猪群染病。有条件的种猪场，猪舍内会配备空气过滤装置，来达到净化空气的效果。做好环境调控，能在一定程度上提高猪场生产效益。

（6）一些猪舍养殖密度大，若没有做好通风，空气中氨与硫就会增加，臭味就会散发，会增加猪只应激反应。非洲猪瘟后很多猪场采用风机水帘，通过适当的通风来提高猪群生活环境的舒适度，特别是当猪舍内气温升高时，通过环境调控加大空气气流，快速对栋舍进行散热，让猪只感到舒服，避免高温引起的不良反应。

（二）保暖与通风密不可分

1. 猪舍通风的同时还要求适应的温度

（1）肉猪生长的最适温度是体重 60kg 以前 16 ～ 22℃；60 ～ 90kg 之间 14 ～ 20℃；90kg 以上 12 ～ 16℃，一般舍内相对湿度以 50% ～ 75% 为宜。

（2）冬季天气寒冷，猪为了抵抗严寒被迫动用体内的脂肪，因此猪体增重减缓，降低饲料利用率，更有甚者，由于管理不到位，造成仔猪、弱猪、病猪伤亡，严重影响经济效益。为此，冬季做好保温工作是十分必要的。

2. 冬季寒风侵入猪舍，猪舍坐北朝南、向阳之处

（1）袭击猪体会引起猪只感冒和肺炎等疾病的发生，因此，猪舍应建在地势高燥的地方。为保持舍温相对稳定，猪舍的窗户和通风孔距离地面应在 1m 以上。

（2）入冬前把猪舍漏风处遮挡堵严，防止贼风侵入，以保暖御寒；在猪舍墙外西北方向设置防风墙，以防止西北风侵袭猪舍。

3. 冬季猪舍增温措施

（1）应在猪床上加铺厚度为 20cm 左右的干草和秸秆等，可以起到吸湿、除潮、吸收有害气体、提高猪床温度等作用。

（2）垫草注意勤换，避免潮湿、霉烂产生氨气，危害猪只健康。

（3）将分散饲养的猪合群饲养，增加饲养密度，冬季一般要比夏季饲养密度高 40% 左右。

（4）猪多了散发的热量增加，自然可以提高舍温，同时猪紧挨着睡，既可互相取暖，也可提高整个猪舍温度。

4. 在配制猪饲料时，应适当增加能量饲料

（1）增加玉米的比例或者选用正规厂家的优质全价饲料，饮用温水。

（2）饲料供给充足，猪食可干一些，以增强抗寒和抗病能力，促进快速增长。

（3）在猪舍内设置热源，提高猪舍内温度，可采用热风炉、暖风机、煤炉等设备。或用电热板、红外线灯泡等加热设备为仔猪保育箱提供额外热源。

（4）在使用以煤炭为燃料的供暖设备时，应注意烟道通畅，避免因排烟不畅而导致猪一氧化碳中毒，同时还要注意防火。

（5）当猪舍内有害气体浓度过高，猪体抗病和御寒能力会明显降低，因此，每天利用中午高温时段，打开门窗通风，排除有害气体，换入新鲜空气，有利于猪只的生长发育。因为冬季气温低，猪舍通风换气必须控制通风量，要求猪舍内风速不超过 0.2m/s，通风前要提高舍温。

（三）光照对猪的影响

1. 紫外线

光照中的紫外线带有很强的生物学效应。适当的紫外线能让猪只皮肤中的 7– 脱氢胆固醇变成维生素 D_3，促进猪肠道对钙的吸收，促进骨骼生长发育，预防佝偻病。同时还能促进猪的新陈代谢，提高猪的生产率，降低料肉比。紫外线还能起到杀菌作用，增加免疫力。但注意不宜过量照射紫外线，容易造成猪只皮肤损伤。

2. 红外线

红外线具有光热效应，能调剂猪的热机能，促进猪只皮肤的血液循环，加速新陈代谢和细胞再生，有镇痛、消炎和促进伤口愈合的作用。经常沐浴阳光能让猪只保持心情愉快，减少应激。红外线同样有杀菌和促进细胞成熟的作用，能杀灭一些寄生虫。但要注意不宜过多照射红外线，容易造成“日射病”。

3. 夜间光照

适当让猪只增加夜间光照，能提高猪只的采食效率，增加猪只营养，促进生长。

（四）湿度

潮湿的空气会增加热传递，低温高湿时更容易使猪体热量散失，使猪显得更冷。在温度高、空气湿度大时，猪体汗腺水分蒸发渐慢，在使用水帘降温时效果不明显。在不同的环境湿度下，猪的舒适温度也随之变化，如在相对湿度为 60% 时，28℃为其热应激危险值，但是当相对湿度变为 90% 时，26℃即为热应激危险值。

有效温度是通过猪只对不同空气温度、相对湿度、气流速度的环境的主观反映得出具有相同热感觉的综合指标。猪的有效温度公式：ET=0.35Tw+0.65Td。

Td：干球温度，指温度计水银球在不加任何包被的情况下测出的大气温度，即气温。

Tw：湿球温度，用湿棉纱将温度计水银球包起来测量出的大气湿度饱和情况下的温度。当干球温度为 30℃，湿球温度为 25℃时，猪感受到的有效温度是 28.25℃。

皮肤蒸发能力较强的生物，湿球温度比干球温度重要；皮肤蒸发能力较弱的，干球温度比湿球温度重要。猪体汗腺很少，很难通过蒸发散热，所以空气温度超过猪的体温时必须采取其他降温措施。相对湿度太低，舍内容易飘浮灰尘，引发猪呼吸道疾病；相对湿度过高会使病原体易于繁殖。

综上所述，温度、湿度和通风是养猪生产中猪舍热环境的重要因素，是保障猪舍适宜环境、提高猪群生产性能的关键。因此在生产过程中，应做好温度、湿度与通风的协调环境控制，同时改善猪舍热环境和空气质量条件，以保持猪体健康，最终才能保证生产力的充分发挥。

第二节　对原料及生猪行情的合理性预测

市场行情受市场调节，养殖户对此无能为力，只能根据行情来选择饲料和养殖规模。市场行情包括两个方面，一是猪价行情，二是原料行情。前者很难预测，一般 3 ～ 4 年为 1 个周期。对于原料价格的变化，养殖户常根据国际或国内有关原料价格方面的政策、动向以及原料未来的走向作一大致的估测。

一、影响我国猪价的五大因素

趋势因素、周期因素、季节因素、偶发因素、货币因素。其中，周期性因素是判断猪价走势最为重要的研究内容。随着饲料成本、人工成本、土地成本的上涨趋势，生猪价格重心未来将不断上移。每年第三季度和春节前是猪肉消费的旺季，猪价会有不同程度的上扬。疫病、政府调控等偶发性因素影响边际供给，会导致所在周期的延长等。货币投放量会影响猪周期波动幅度。

环保政策加严下的猪周期较前几轮周期不同。在环保去产能的背景下，大量散户退出，行业集中度提升。能繁母猪存栏量从 2014 年开始就一路下行，并没有因为 2015—2016 年猪价的上涨而回升。

同时，在母猪存栏量低位的情况下猪价从 2016 年 5 月开始大幅下行。生猪存栏量和猪价也产生背离。传统蛛网模型下的猪周期失效，主要原因有两点，一是养殖规模化水平和养殖效率的提升，二是生猪出栏体重有较大提升，猪肉的供给并没有因为能繁母猪存栏和生猪存栏的减少大幅下滑。因而即使在环保的严厉调控下，生猪产能仍然较为充裕。

猪价快速下跌也常与养殖场的抛售和屠宰场的压价有关。节前压栏，节后养殖场开始集中抛售，短期内生猪供给快速增加，使得猪价下跌。屠宰企业也会借势压价，在生猪集中抛售的情况下，屠宰场收猪比较容易，其议价能力相对比较强。

二、常见饲料原料的波动周期

（一）饲料行业不存在明显的波动周期

我国人口众多，且保持持续增长，人民生活水平不断改善，对动物性食品的需求很大，具有较强的稳定性。除畜禽养殖业的周期性波动对饲料行业具有一定影响外，我国饲料行业不存在明显的周期性。

一方面，由于我国饲料行业竞争较为激烈，整体毛利率低，由于销售半径引致的成本问题，饲料产品销售具有明显的区域性；另一方面，我国幅员辽阔，各地种植的农作物品种和粮食产量差异较大，也导致我国饲料产品品种呈现一定的区域性特征。

受畜禽产品消费和养殖动物生长的季节性影响，我国饲料消费市场存在一定的季节性。在每年“春节”“端午”“中秋”等重要节日前，大量畜禽育肥待出栏形成饲料消费旺季，节日之后，畜禽存栏量大幅下降，形成饲料消费淡季。

饲料企业生产所需原材料主要有大豆、玉米、鱼粉、谷物等，大豆与玉米是我国饲料行业需求量最大的原材料。其中，国内玉米市场供应较为充足，国外进口量相对较少。而我国大豆主要依赖进口，进口来源地主要为美国、阿根廷、巴西等国家，进口价格受国际市场影响相对较大。虽然国家已经启动实施“大豆振兴计划”，采取粮改豆、粮豆轮作和苜蓿种植等方式扩大大豆的种植规模，但依然无法改变大豆类蛋白饲料原料主要依赖进口的格局。受中美贸易摩擦、新冠疫情等因素影响，原料部分出口运输通道存在关闭情况，原料价格及供给量存在不确定性，对饲料行业构成一定影响。

（二）玉米价格的涨跌受以下因素的影响

玉米作为养殖饲料的来源，是市场上很受欢迎的一种粮食作物，而其价格行情也一直是大家关注的重点。但近些年，国内玉米价格犹如“过山车”一般，让人捉摸不透，我国的玉米价格一直都是由国家操控，市场调节。

1. 季节性因素

农作物的生长季节对玉米价格有很大影响。种植季节和收割季节的气候条件、灾害事件（如洪水、干旱）等都会对供应量产生影响，进而影响价格。

2. 供需关系

供求关系对玉米价格有直接影响。供应量的变化（如农作物丰收或减产）以及需求的变化（如人口增长、饲料需求增加等）都会对价格产生影响。玉米供应量整体不及需求量的情况下，其市场价格走高会是必然，反之则会降低。

3. 能源市场

玉米是一种重要的能源原料，主要用于生产生物燃料。因此，与能源市场的关系密切，如石油价格的变化、对生物燃料政策的影响等都会对玉米价格产生影响。

4. 贸易政策

国际贸易政策的变化会对国内玉米市场产生影响。如进口关税、出口限制等政策调整都会对国内玉米价格产生直接影响，国家的粮食行业政策一直以来都在影响着甚至左右着玉米市场和玉米价格。

5. 货币政策和汇率

货币政策和汇率的变化对农产品价格也有影响。如果当地货币贬值，可能会提高对外出口的竞争力，进而影响玉米的出口价格。

6. 天气和气候

天气因素对玉米价格有重要影响。干旱、洪涝、冻害等极端气候事件可能导致玉米减产，进而提高价格。

7. 投资者情绪和市场预期

市场投资者的情绪和预期也会影响玉米价格。大宗商品市场的投机活动和对农产品需求的预期都会对玉米价格产生短期波动。

总之，玉米价格的涨跌受到供需关系、季节性因素、能源市场动态、贸易政策、货币政策、天气气候以及投资者情绪和预期等多种因素的综合影响。

（三）豆粕价格影响因素

豆粕是大豆提取豆油后得到的一种副产品，主要作牲畜及家禽饲料的原料，大豆价格及豆粕需求的变化均可影响其价格变化。受大豆生长季节性特征影响，大豆在不同月份的供给和消费情况差异较大，从而使得大豆期价表现出季节性变动的特征。大约 85% 的豆粕被用作畜禽饲料，其中生猪养殖对豆粕的需求量最大，生猪的养殖周期将影响豆粕需求的季节性走势变化。

一般来讲，豆粕产量与豆粕价格之间存在明显的反向关系，豆粕产量越大，价格相对较低；相反，豆粕产量减少，豆粕价格则上涨。

豆粕期货的供给主要表现在 3 个方面，前期库存、当期产量、进口量。前期库存主要构成豆粕的总产量，前期库存量多少会直接体现到供应量上，供应吃紧价格就会上涨，反之价格下降。豆粕产量受大豆产量等的影响，所以当期产量也是影响豆粕价格的一大因素。另外，近几年我国已成为豆粕进口国，所以国际市场对国内豆粕市场的影响在加大。

（1）从需求端来看，主要是养殖业的饲料生产需求和消费情况，我国是全球第二大饲料生产国，豆粕作为饲料的主要原料，下游行业的景气程度尤其是家禽、猪肉的价格都会影响到豆粕的需求和价格涨跌。豆粕库存是总产量的重要组成部分，早期库存的数量反映了供应的紧张程度。供不应求则价格上涨，供大于求则价格下跌。因为豆粕具有难以保存的特点，一旦豆粕库存增加，豆粕价格往往会降低。

（2）季节也对豆粕价格有很大影响，通常11月大豆收获后的几个月是豆粕的生产旺季，4—8月是豆粕的生产淡季，而豆粕的需求一般从3月开始到10月逐步转旺，在此期间，豆粕的价格波动会很大。豆粕价格还随豆粕主产区的收购、库存变化而波动。

（3）从相关产品的角度来看，豆粕作为大豆产业链的一环，与大豆、豆油的价格也息息相关，其中豆粕和大豆的价格关系呈现正相关；与大豆产量呈现负相关；与豆油、大豆压榨收益之间的价格也呈负相关。

（4）替代品价格。从替代产品的角度来看，除了大豆、豆油等相关商品对豆粕价格影响外，棉籽粕、花生粕、菜粕等豆粕的替代品对豆粕价格也有一定影响，如果豆粕价格高涨，饲料企业往往会考虑增加使用菜粕等替代品。

三、生猪行情的变化趋势

生猪价格一直是农业领域的热门话题。

每年6—8月都是生猪销售的淡季，生猪价格也开始下跌。因为进入夏季后，天气炎热，人们的食欲减少，而且不少人还喜欢以清淡饮食为主，这样导致猪肉消费量减少，市场形成供过于求的格局，不利于生猪价格上涨。此外，相对于其他季节，此时旅游业的发展也处于低潮期，导致餐饮业消费量减少，也就意味着猪肉消费量的减少，从而影响到生猪价格。从这个情况来看，猪肉消费淡季仍然是导致生猪价格下跌的重要因素。

（一）气候因素也是导致生猪价格下跌的一个重要因素

（1）在气候炎热潮湿的夏季，饲养环境不利于生猪的生长发育，导致生猪的生长速度变慢，同时还容易患上各种疾病。这不仅增加了养猪成本，同时也导致生猪的出栏率减少，影响到市场供应量的增长。

（2）冬季受雨雪天气影响，尤其北方每年冬季遇降雪，道路封锁，再加上冷空气带来的冰雨雪天气对生猪调运影响较大，容易导致生猪调运困难，特别是跨区域的调运，散户抗价惜售情绪较浓，屠宰、贸易商收猪较为困难，只能被迫抬高价格收猪，短期内很可能出现局部地区猪源紧张。

（二）疫病问题是影响猪价涨跌重要因素

疫病对于猪价的影响也是不可忽视的，因为疫病的暴发会导致猪群减少，从而减少市场供应，最终导致猪价上涨。尤其是像非洲猪瘟这样的疫病，它的传染性强、致死率高，对猪肉市场造成严重的冲击。

为了防止疫病的发生，养猪户一定要定期给猪群做好疫苗接种工作，这样可以增加猪的免疫，有效降低猪群的发病率。

（三）生产成本和市场供求情况也是影响生猪价格的关键因素

生产成本是指对生猪养殖过程中的各种支出，比如饲料、药品、人工等，这些支出的上涨会导致生产成本的增加，从而提高猪肉的价格。不同品种的母猪，其生产性能差异很大，生产性能较低的猪种，肯定会影响到商品猪的养殖成本，这体现在猪饲料、设备费用、人工与水电等成本上。提高母猪生产性能的方法，主要包括严格分阶段饲养，缩短空怀期，把握时机，适时配种，做好母猪产前产后的监护，缩短哺乳期，加强饲养管理等。

1. 母猪生产性能对商品猪成本的影响

（1）饲养成本。

饲料成本 3 500 元 / 年，以 1 头母猪 1 年采食 1t 饲料计算。

（2）设备费用。

500 元 / 年。不同的猪场情况不一样，设备费用的差别会较大。

（3）疫苗及药品治疗保健费。

1 年大概在 200 元左右。

（4）母猪折旧费。

1 年 1 100 元左右。

（5）人工、水电与其他饲养成本。

1 年费用 700 元 / 头。

2. 种商品猪生长性能与生产性能参数

（1）商品猪的生长性能。

① 7 ～ 25kg，日增重 430g/d，料肉比 1.5 : 1。

② 25 ～ 50kg，日增重 560g/d，料肉比 2.4 : 1。

③ 50 ～ 100kg，日增重 980g/d，料肉比 2.8 : 1。

④ 7 ～ 100kg（平均），日增重 676g/d，料肉比 2.45 : 1。

（2）母猪的生产性能。

①平均窝产活仔数 11.5 头，平均年产胎数 2.26 胎。

②平均断奶头数 10.4 头，平均每头母猪年产断奶仔猪 20.8 ～ 25.5 头。

③平均断奶体重 6.2 ～ 7.9kg，平均每头母猪年产商品猪 20 ～ 25 头。

3. 市场供求情况

市场供求情况则是指市场上猪肉的需求和供应状况，消费量大于供应时，生猪价格会上涨，反之则下跌。

（四）政策因素也会对生猪价格产生影响

（1）政府的相关政策也对猪价产生一定的影响，政府的宏观调控政策、进出口政策、补贴政策等都会对猪价产生影响。例如，政府对猪肉进口的限制或减少，会导致市场供应不足，从而推动猪价上涨。政府对生猪养殖业的支持和补贴政策，可以降低生产成本，从而对猪价产生积极影响。

（2）政府启动肥猪收储会导致生猪价格上涨。再比如每年的端午节生猪价格都会上涨。此外，政府还可以通过加强监管和规范市场秩序等措施来稳定市场价格。

第五章

高效饲料营养搭配与选择

第一节　猪常见饲料原料

一、养猪业常用的能量饲料

饲料中的有机物都含有能量，而畜牧业生产中所谓的能量饲料是指那些富含碳水化合物和脂肪的饲料，在干物质中粗纤维含量在18%以下，粗蛋白质含量在20%以下，包含谷实类、块根块茎类、糠麸类、糟渣类及油脂类等。这类饲料的消化率高，含能量丰富，但蛋白质含量少，特别是缺乏赖氨酸和蛋氨酸，因此这类饲料必须与蛋白质饲料等配合使用。在猪全价配合饲料中，能量饲料占60%～85%。因此，玉米等能量饲料价格的高低决定了饲料的成本和畜禽养殖的利益，玉米价格上涨时，可以开发利用非常规的能量饲料，降低饲料成本，提高经济效益。常见谷物营养成分见表5–1。

表5–1　一些谷实饲料中养分含量　　单位：%

饲料名称	干物质	粗蛋白质	粗脂肪	无氮浸出物	粗纤维	粗灰分	钙	总磷
玉米	86.0	8.7	3.6	70.7	1.6	1.4	0.02	0.27
小麦	87.0	13.9	1.7	67.6	1.9	1.9	0.170.03	0.41
稻谷	86.0	7.8	1.6	63.8	8.2	4.6	0.03	0.36
糙米	87.0	8.8	2.0	74.2	0.7	1.3	0.06	0.35
碎米	88.0	10.4	2.2	72.7	1.1	1.6	0.09	0.35
皮大麦	87.0	11.0	1.7	67.1	4.8	2.4	0.04	0.33
裸大麦	87.0	13.0	2.1	67.7	2.0	2.2	0.13	0.39
高粱	86.0	9.0	3.4	70.4	1.4	1.8	—	0.36
燕麦全粒	87.0	10.5	5.0	58.0	10.5	3.0	—	—
除壳燕麦	87.0	15.1	5.9	61.6	2.4	2.0	0.12	—
粟	86.5	9.7	2.3	65.0	6.8	2.7	0.05	0.30
甜荞麦	83.2	9.6	1.8	59.2	9.7	2.9	0.08	0.26
苦荞麦	88.9	10.1	2.3	60.3	14.0	2.2	0.02	0.26

（一）玉米

玉米是我国主要饲料用粮。它含能量高，以干物质为基础，猪的消化能可高达16.3MJ/kg，玉米含粗纤维少，适口性好，消化率高，玉米中有机物质的平均消化率可达86%，尤其是黄玉米中还含有较多的胡萝卜素，但粗蛋白质含量低，必需氨基酸不平衡，矿物质和维生素缺乏，脂肪含量较高，不饱和脂肪酸含量也高，如大量用作育肥猪饲料，会使猪脂肪变软，影响肉的品质。玉米的等级及质量划分见表 5–2。

表 5–2　玉米质量指标及分级标准

质量指标		1 级	2 级	3 级	不合格
必检	水分（%）	≤ 13.0	13.1 ～ 14.0	14.1 ～ 15.0	≥ 15.1
	含杂率（%）	≤ 0.5	0.6 ～ 1.0	1.1 ～ 1.9	≥ 2.0
	感官性状	籽粒整齐、均匀，色泽呈黄色，无霉变，无虫蛀，无异味、异臭，无污染等	色泽呈黄色，籽粒不均，无霉变，无虫蛀，无异味、异臭，无污染等	色杂，籽粒不均，有极少部分霉变、虫蛀粒，有轻微异味、异臭，无污染等	色杂，籽粒不均，有部分霉变，虫蛀，有异味、异臭有污染等
参考	不完善率（%）	≤ 5.0	5.1 ～ 6.5	6.6 ～ 8.0	≥ 8.1
	生霉粒（%）	≤ 2.0			≥ 2.1
	容重（g/L）	≥ 710	685 ～ 709	660 ～ 684	≤ 659
	脂肪酸价（mg/kg）	≤ 50	50 ～ 60	60 ～ 70	≥ 70
	黄曲霉毒素 B_1（μg/kg）	≤ 50			＞ 50
	霉菌总数（10^3 个 /kg）	＜ 40			≥ 40

（二）大麦

大麦是畜禽很好的能量饲料，消化能含量略低于玉米，粗纤维含量比玉米略高，但蛋白质含量较高，而且脂肪含量低，质地好，是畜禽育肥生产的良好饲料，特别是瘦肉型猪的饲养，可提高猪肉的品质。但大麦皮厚且硬，含粗纤维较多，故在饲料中最好不要超过 30%，幼龄畜不宜超过 10%。大麦是谷物饲料中含蛋白质较高的一种精料，粗蛋白质占 10% ～ 12%，比玉米略高，赖氨酸含量也较高，但粗纤维含量较高，其消化能相当于玉米的 90%。用大麦喂猪可获得高质量的硬脂胴体。配合饲料中含量不超过 30%。

（三）小麦

小麦是我国的主要粮食作物，主要用作人的食粮，在玉米不足或价格较高或玉米原料发生霉变等，可考虑把小麦用作饲料，但饲料中通常还会加入一些分解多糖的酶制剂。小麦同玉米相比在使用上还存在很大差异。小麦质量及等级见表 5–3。

表 5–3 小麦质量指标及分级标准

质量指标		1 级	2 级	3 级	不合格
必检	水分（%）	≤ 11.5	11.6 ～ 12.5	12.6 ～ 13.5	≥ 13.6
	感官性状	淡橙黄色颗粒，籽粒整齐，色泽新鲜一致。无发酵、霉变、虫蛀、结块及异味异臭等，无污染	同左	淡橙黄色颗粒，有极少数不完善粒，色泽新鲜一致。无发酵、霉变、虫蛀、结块及异味异臭等，无污染	色泽不一致、不新鲜，有较多不完善粒。有杂有污染。有发酵、霉变、虫蛀、结块及异味异臭等
参考	容重（g/L）	≥ 770	750 ～ 770	730 ～ 750	≤ 730
	粗蛋白（%）	≥ 14.0	13.9 ～ 13.0	13.0 ～ 11.1	≤ 11.0
	杂质（%）	≤ 0.5	0.6 ～ 1.0	1.0 ～ 1.9	≥ 2.0
	黄曲霉毒素 B_1（μg/kg）	≤ 30	＞ 30		
	霉菌总数（10^3 个 /kg）	＜ 40			≥ 40

1. 小麦同玉米相比的优势

（1）粗蛋白含量高，且蛋白组成中不易消化的醇溶蛋白所占比重远低于玉米，蛋白消化率高。

（2）氨基酸含量高，主要氨基酸的消化利用率也高。在 12 种必需氨基酸中，除亮氨酸外，其他氨基酸含量均是小麦高于玉米，其中赖氨酸相当于玉米的 130%，蛋氨酸相当于玉米的 167%，苏氨酸相当于玉米的 114%，色氨酸相当于玉米的 250%。赖氨酸、苏氨酸和色氨酸消化利用率也是小麦高于玉米。

（3）钙、磷含量高，利用率好。小麦钙含量相当于玉米的 8.5 倍，磷含量相当于玉米的 150%。而且小麦中含有天然植酸酶，磷的利用率高。

（4）各种重要的矿物质含量均高于玉米，特别是铁、锰和铜。小麦锰含量相当于玉米的 752%，铁含量相当于玉米的 238%，铜含量相当于玉米的 239%，锌含量相当于玉米的 155%。

（5）B 族维生素含量均高于玉米，特别是烟酸。小麦烟酸含量相当于玉米的 250%，而且小麦烟酸对猪的生物学效价也高于玉米，小麦胆碱含量也较高，相当于玉米的 168%。

（6）使用小麦可改善生长育肥猪的胴体品质，防止背膘变厚。小麦粗脂肪含量低，特别是不饱和脂肪酸含量远低于玉米，在育肥猪料中使用小麦不会形成软脂肉，也可防止背膘变厚，还能增进胴体硬度和脂肪白度，改善猪的胴体品质。

（7）适口性好。让猪分别选食小麦和玉米，其对小麦的采食量明显多于玉米。但是，由于小麦淀粉的黏性比玉米强，如果将小麦粉碎过细，猪采食时就会产生糊口而使其适口性变得很差。

（8）小麦淀粉糊化温度低，易于熟化和保证颗粒料的颗粒品质。小麦淀粉的糊化温度是籽实饲料中最低的，为 53 ～ 64℃，而玉米为 61 ～ 72℃。淀粉的糊化增加了黏性，有利于制粒，可作为制粒的黏结剂。

2. 与玉米相比，小麦作为饲料原料的缺点

（1）代谢能低，约相当于玉米的 90%。

（2）粗脂肪和亚油酸含量低。

（3）维生素 A、维生素 E 含量低，生物素利用率低。

（4）含有淀粉酶抑制因子，不利于淀粉的消化。

（5）不含叶黄素。

（6）粗纤维含量高，非淀粉多糖尤其是水溶性非淀粉多糖含量高。其中主要是木聚糖。木聚糖是构成植物细胞壁的成分，而细胞壁包裹淀粉颗粒后，会阻碍畜禽对淀粉的消化。非淀粉多糖在胃肠道中会产生黏度，影响胃肠道的正常蠕动，并能减少消化液与食糜的接触，从而影响消化吸收。非淀粉多糖会被后肠道微生物利用，导致微生物增殖，从而产生腹泻等问题。而猪的消化道不能分泌内源性木聚糖酶，因此，必须通过外源的复合酶制剂才能提高猪对小麦的消化率。

（四）高粱

营养价值略低于玉米、大麦，籽实中含有单宁，适口性差，易发生便秘，不宜用作妊娠母猪的日粮。高粱糖化后喂猪，可提高适口性和利用率。在高粱产区，可在猪饲料中，用高粱代替 1/3 ～ 1/2 的玉米。高粱的各种养分指标与玉米非常接近，高粱对猪的消化能力高，相当于玉米的 93%。与玉米不同，高粱含有抗营养因子，主要为单宁，黄高粱和白高粱一般单宁为 0.2% ～ 0.4%，褐高粱含单宁高，为 0.60% ～ 3.6%。单宁对适口性、养分消化利用率有明显影响，对鸡的影响特别大。高单宁高粱在畜禽日粮中不得超过 10%。低单宁饲用高粱可用 70%。

高粱的营养价值相当于玉米的 95%，在生产实际上，高粱价格低于玉米价格的 90% 时，可以作为猪、牛饲料使用。

（五）稻谷

我国南方水稻产区常用稻谷作畜禽的精饲料，带壳粉碎的稻谷粗纤维含量较高，影响了饲用价值。稻谷主用作人的食粮，很少直接用作饲料，其加工副产品糙米和碎米是优质的能量饲料。它的粗纤维含量高，消化能较玉米低，粗蛋白质含量较玉米稍低，氨基酸含量与玉米相近，钙、磷和微量元素与玉米相近。

（六）麸皮

麸皮是麦粒加工的副产品，常用的有小麦麸、大麦麸，是小麦磨成面粉过程中最先被磨掉的一种皮，麦皮总共分为6层，外面的5层粗纤维比较多，对于消化系统来说有很多好处，但是营养比较少。营养价值与加工精度有关。

麸皮具有轻泻作用，用于妊娠母猪饲料，可防治便秘。小麦麸也称麸皮，粗蛋白和粗纤维含量都较高，粗蛋白质为12%～29%，粗纤维为8.5%～12%，消化能低，约为11.7MJ/kg。麸皮含有丰富的B族维生素，含钙低，含磷高，且多为植酸磷。麸皮因含较多的植酸酶，故麸皮中磷的利用率较高。小麦麸因粗纤维含量高，结构疏松，容量低，而且含有轻泻性盐类，有助于胃肠蠕动，调节消化机能，尤其适于饲喂产后母猪、仔猪和育肥猪，饲料中比例不宜过高，一般不超过25%。

另外麸皮的体积比较大，利用麸皮中的纤维帮助母猪扩充肠胃体积，加在饲料中后同样也会增加饲料的体积，这样猪在进食时就会出现饱腹感（类似于画饼充饥的原理）。通常来说，育肥猪饲料中添加麦麸最好不超过20%，最好的方式是与能量饲料进行混合使用，以达到最佳效果。

小麦在加工过程中，要保证加工质量，要对小麦进行一系列的预处理，其中重要的一项工艺流程就是用着水机对待加工小麦进行着水与润麦的工作，润麦时间通常要24h，入磨小麦的水分常常会在15%左右，最后麦麸饲料在出厂时水分通常会大于15%，出现了水分超标的情况。这些超标的水分，就会给微生物的生长繁殖提供条件，再加上饲料厂厂房的管理通风难以达到麸皮仓储标准，所以麦麸中有大量微生物和霉变的情况存在。当母猪长期采食到受霉菌毒素污染的饲料时会产生中毒现象，具体表现出泪斑、眼水肿、皮肤溃疡、仔猪均匀度差、缺奶以及发情期延长、流产、假发情等一系列表象，同时还会让猪免疫力下降，更容易感染猪瘟、口蹄疫、蓝耳病、圆环病毒等病症，这是对养殖育肥不利的。小麦麸具体质量标准见表5–4。

表 5-4　小麦麸质量指标及分级标准

<table>
<tr><th colspan="2">质量指标</th><th>1 级</th><th>2 级</th><th>3 级</th><th>不合格</th></tr>
<tr><td rowspan="3">必检</td><td>水分（%）</td><td>≤ 12.5</td><td>12.6 ～ 13.0</td><td>13.1 ～ 13.5</td><td>≥ 13.6</td></tr>
<tr><td>粗灰分（%）</td><td colspan="3">< 6.0</td><td>≥ 6.0</td></tr>
<tr><td>感官性状</td><td>细碎屑状，新鲜一致，无发酵、霉变，无结块、虫蛀及异味、异臭，无掺杂，无污染等</td><td>细碎屑状，色泽新鲜一致，无发霉、发酵、结块、虫蛀及异味、异臭，无掺杂，无污染等</td><td>细碎屑状，色泽不一致，有轻微异味，无发酵、虫蛀、霉变及异臭，无掺杂，无污染等</td><td>形状不一，色泽不一致，有霉变、结块、虫蛀、异味，有掺杂污染等现象</td></tr>
<tr><td rowspan="4">参考</td><td>粗蛋白质（%）</td><td>15.0</td><td>14.9 ～ 14.5</td><td>14.4 ～ 13.5</td><td>≤ 13.4</td></tr>
<tr><td>粗纤维（%）</td><td>≤ 8.0</td><td>8.1 ～ 9.0</td><td>9.1 ～ 10.0</td><td>≥ 10.1</td></tr>
<tr><td>黄曲霉毒素 B_1（μg/kg）</td><td colspan="3">≤ 30</td><td>> 30</td></tr>
<tr><td>霉菌总数（10^3 个 /kg）</td><td colspan="3">< 40</td><td>≥ 40</td></tr>
</table>

（七）次粉

我国生产的次粉又称黑面、三等粉等，是以小麦为原料磨制面粉后，除了小麦麸及合格面粉以外的部分，与小麦麸的性质完全不同。次粉的颜色从灰白色到淡褐色，根据麸皮所占的比例，颜色深的含麸皮多。次粉的营养价值比麦麸高，特别是其有效能值远高于麦麸，例如猪的消化能为 13.43MJ/kg，与玉米 14.20MJ/kg 接近，比麦麸 9.37MJ/kg 提高 40% 以上。次粉粗蛋白质含量一般为 13% ～ 17%，粗纤维为 3% 左右，粗灰分为 2% 左右，后两者比麦麸少。赖氨酸含量在 0.60% 左右，高于麦麸。因此，从蛋白质含量和能量等方面综合考虑，次粉是值得开发的优良能量饲料。

次粉用于育肥畜禽的效果优于麦麸，也是与玉米价值相等的良好颗粒黏结剂，较适用于颗粒饲料，特别是猪的颗粒饲料。小麦次粉作为猪饲料的优点在于其价格相对较低，能够有效降低饲料成本。同时，小麦次粉含有较高的粗蛋白质，能够提供一定的能量和蛋白质，对母猪的生长和繁殖具有一定的促进作用。

然而，小麦次粉作为母猪饲料的缺点也不容忽视。首先，小麦次粉中必需氨基酸含量较低，不能满足母猪的全部营养需要。其次，小麦次粉中缺乏一定的矿物质，特别是磷、钙等，容易导致母猪饲料中矿物质的不平衡，进而影响母猪的生长和繁殖。针对小麦次粉作为母猪饲料的优缺点，我们可以采取一些措施来合理使用小麦次粉。首先，可以适当增加小麦次粉的用量，以提高母猪饲料的粗蛋白质含量。其次，可以添加一些必需氨基酸、矿物质等营养物质，以满足母猪的全部营养需要，可以与其他饲料混合使用，以达到营养均衡的目的。

总之，小麦次粉作为猪饲料使用具有一定的营养价值，但是其营养成分不够全面，需要合理使用和搭配其他饲料。在实际生产中，应根据猪的营养需要和生长阶段，合理选择饲料，以达到养殖效果。

（八）玉米胚芽饼

玉米胚芽饼是用玉米制作淀粉过程中生产的胚芽，经过榨油后的副产品。这种饲料，粗蛋白质含量一般为 10% ～ 17%，玉米胚芽饼对猪的消化为 14.69MJ/kg，粗纤维为 6% 左右，氨基酸平衡，赖氨酸含量高，一般为 0.7% ～ 0.8%。此外，玉米胚芽饼口感好。因此，从蛋白质含量和消化能力的高低等方面综合考虑，如果价格低于玉米或相当，可以在猪的全价料中充分应用，减少饲料中玉米和豆粕的用量，每吨饲料可以降低饲料成本 50 ～ 100 元。

（九）米糠

米糠是指稻谷脱壳后精加工的果皮层、种皮层及胚芽的混合物，是常见的农作物产品，可作为饲料喂猪，米的加工精度愈高，米糠营养价值愈高。根据加工的精度，质量有差异，有的掺杂少量谷壳、碎米。因大米加工中的因素，水分含量高，如未经脱水处理，不耐储藏。新鲜米糠适口性好，粗蛋白质含量 12% 左右，脂肪含量高，不耐贮存。一般在猪禽饲料中不宜超过 25%，米糠指标见表 5–5。

表 5–5　米糠质量指标及分级标准

质量指标		A 级	B 级	C 级	不合格
必检	水分（%）	＜ 11.0	11.0 ～ 12.9	13.0 ～ 13.5	＞ 13.5
	粗蛋白质（%）	＞ 13.0	13.0 ～ 12.1	12.0 ～ 11.0	＜ 11.0
	感官性状	呈淡灰黄色粉状，色泽新鲜一致，无杂无污染、无酸败、霉变、虫蛀、结块及异臭异味等	同左	同左	颜色不一，色泽不新鲜、有酸败、霉变、虫蛀、结块及异臭异味、污染等
参考	粗纤维（%）	＜ 6.0	6.0 ～ 6.9	7.0 ～ 8.0	＞ 8.0
	粗灰分（%）	＜ 8.0	8.0 ～ 8.9	9.0 ～ 10.0	＞ 10.0
	黄曲霉毒素 B_1（μg/kg）	≤ 30			＞ 30

米糠是很好的猪饲料原料，当米糠的干物质达到 87% 时，粗蛋白质含量为 13% 左右，能量值在糠麸类中是比较高的。因为米糠中含油量较高，在 10% 以上，有的达 18%，所以米糠中的脂肪大多为不饱和脂肪酸，动物易吸收和利用。但是这种不饱和脂肪酸容易分解和变质，因此米糠使用时越新鲜越好。

因为米糠中含较高植酸盐和胰蛋白酶抑制因子，影响猪对粗蛋白质的吸收和生长，所以在猪饲料的使用中要掌握好用量。米糠添加过多，小猪会拉稀，因此开始时应少用一点，等猪适应后逐渐加量。育肥猪米糠最大用量有加到 35% 的，虽然未明显表现出生长受阻的情况，但会形成软脂而影响肉质。湿热处理能破坏胰蛋白酶抑制因子和分解植酸，所以有条件的可进行适当处理，在配合饲料中加适量植酸酶也能中和米糠中的植酸。

由于米糠中不饱和脂肪酸存在不稳定性，容易分解和变质，所以米糠的存放时间不可太长，不要超过两周。水分大的更不能久放，最好现购现配现喂。为了延长储存期，可采取脱脂处理，现有浸提法和压榨法，经处理后的米糠饼存放时间可延长。

米糠不是砻糠，因各地称谓习惯不同，有把砻糠称为米糠的，砻糠的营养成分不到米糠的 1/3，在精养猪场不宜使用砻糠，只有怀孕母猪可少量添加。还有把谷壳粉碎加工成统糠的，这种统糠更不能作猪饲料，不但没有营养，还消耗能量。

（十）高粱糠

粗蛋白质含量 10% 左右，粗纤维含量高（7% ～ 24%），并含有多量单宁，适口性差，过量食用容易便秘，饲用价值大体为玉米的一半。在种畜的日粮中可占 25% ～ 50%，但必须补充蛋白质饲料和青饲料。在幼龄畜日粮中限制使用，肉用畜日粮中加入 10% 的高粱糠，能防治或减轻下痢。

（十一）甘薯（山芋）

甘薯是我国广泛栽培、产量最高的薯类作物，尤其适于喂猪，生喂、熟喂消化率均较高，饲用价值接近于玉米。

（十二）马铃薯（土豆）

含有相当高的淀粉，干物质中含能量超过玉米。马铃薯中含有龙葵素，特别是发芽的含量很高，能使畜禽中毒，一定要去芽饲喂。马铃薯煮熟饲喂，可大大提高消化率。

（十三）糟渣类

主要有酒糟、醋糟、酱油糟、豆腐渣、粉渣等。营养价值的高低与原料有关，原料经加工后，能量中等，但干物质中蛋白质含量丰富。由于这类饲料中都含有某种影响畜禽生长发育的物质，在饲料中应控制喂量。如酒糟中含有较高的酒精，喂量过多可使畜禽醉酒，甚至造成酒精中毒；醋糟中含有醋；酱油糟中食盐含量达 7%；豆渣、粉渣中还有大豆等原来有的不良因子，使用时都要加以注意，饲用量一般只能占饲料干物质的 10% ～ 20%。

（十四）油脂

饲用油脂种类较多，按室温下形态分，液态的为油，固态的为脂；按脂肪来源，可分为动物性脂肪和植物性脂肪。动物性脂肪主要有牛、羊、猪、禽脂肪和鱼油，植物性脂肪包括大豆油、菜籽油、玉米油、花生油等。油脂容易酸败，尤其是夏季，因此饲料中添加油脂时一定注意其质量。油脂质量指标及分级标准见表 5–6。

表 5–6 油脂质量指标及分级标准

质量指标		A 级	B 级	C 级	不合格
必检	酸价（mg 氢氧化钾 /g）	≤ 1.0	1.1 ～ 4.0	4.1 ～ 5.0	≥ 5.1
	过氧化值（%）	≤ 0.15	0.16 ～ 0.2	0.21 ～ 0.25	≥ 0.26
	碘价	≥ 120	115 ～ 120	110 ～ 115	≤ 110
	感官性状	油色橙黄，清澈透明，气味、滋味正常，无掺假无污染等	油色橙黄至棕黄，稍为混浊，气味、滋味正常，有微量沉淀物存在，无掺假无污染等	油色橙黄至棕褐色，稍混浊，有少量悬浮物存在，静置后有少量沉淀物，气味、滋味正常，无掺假无污染等	色泽气味、滋味发生异常，有哈喇味，混浊，有明显悬浮物存在，有掺假有污染等
参考	水分及挥发物（%）	≤ 0.2	0.21 ～ 0.3	0.31 ～ 0.4	≥ 0.41
	杂质（%）	≤ 0.2	0.21 ～ 0.5	0.51 ～ 1.0	≥ 1.1
	黄曲霉毒素 B_1（μg/kg）	≤ 20			＞20
	矿物油	不得检出			

猪饲料中添加油脂主要是提高日粮的能量水平、减少粉尘、降低饲料加工设备的磨损及改善饲料风味等作用。油脂的饲用价值主要有油脂的有效能值高，油脂总能和有效能远比一般的能量饲料高。例如，猪脂肪总能为玉米总能的 2.14 倍；大豆油代谢能为玉米代谢能的 2.87 倍，因此，油脂是配制高能量

饲料的首选原料。植物油、鱼油等富含动物所需的必需脂肪酸，它们常是动物必需脂肪酸的最好来源。同时油脂可作为动物消化道内的溶剂，促进脂溶性维生素的吸收。在血液中，油脂有助于脂溶性维生素的运输。添加油脂，能增强日粮风味，改善日粮外观，防止日粮中原料分级，还使猪的热增耗降低。

二、猪常用蛋白质原料

（一）动物性蛋白

1. 鱼粉

鱼粉是一种高蛋白、高营养的饲料原料，广泛应用于畜禽养殖、水产养殖等领域。鱼粉的加工工艺流程主要包括以下几个步骤：原料处理（鱼类及其副产品，如鱼头、鱼骨、鱼肉等，在加工前需要对原料进行处理，去除杂质、血液、内脏等）、蒸煮（将鱼类及其副产品放入蒸煮锅中进行蒸煮，目的是将鱼类中的脂肪和水分等挥发出来，同时杀死细菌、病毒等有害物质）、压榨（将鱼类中的油脂和水分分离出来）、干燥（自然晾晒、烘干、喷雾干燥等方法彻底蒸发掉水分）、粉碎、筛分、包装，需要各个环节严格控制。

（1）鱼粉分类方式较多，按来源分为进口鱼粉、国产鱼粉；按加工方式分为直火鱼粉、蒸汽鱼粉；按原料鱼分为白鱼粉（肌肉较白，脂肪少，如鳕鱼）、红鱼粉（肌肉较红，脂肪多，如沙丁鱼、鲱鱼、鲭鱼、长蛇鲻、玉筋鱼、鳀鱼、凤尾鱼等）；按原料部位和组成分为全鱼粉、脱脂鱼粉、半脱脂鱼粉、鱼排粉、下杂鱼粉等。由于鱼粉分类过于复杂、加工工艺是影响鱼粉品质的重要因素，且掺假手段日新月异，完全不能一概而全，使用中关注以下 3 点：原料鱼新鲜、加工脱脂好、不掺假。鱼粉的质量标准见表 5–7。

表 5–7　鱼粉质量指标及分级标准

质量指标		A 级	B 级	C 级	不合格
必检	水分（%）	≤ 10.5	10.6 ～ 11.5	11.6 ～ 12.0	≥ 12.1
	粗蛋白质（%）	≥ 64.0	63.9 ～ 62.0	61.9 ～ 61.0	≤ 60.9
	感官性状	黄棕或黄褐色，具有鱼粉正常气味无异臭及焦灼味，无发霉变质、无结块，无掺假掺杂，无污染等	同左	同左	深褐色，有异味、结块、霉变，有掺假掺杂，有污染等
	镜检	无掺假			有明显掺假

续表

质量指标		A级	B级	C级	不合格
参考	粗脂肪（%）	≤ 10.0	≤ 10.0	≤ 10.0	≥ 10.1
	沙分（%）	≤ 2.0	2.1 ～ 4.0	2.1 ～ 4.0	≥ 4.1
	粗灰分（%）	13.0 ～ 21.0			≥ 21.1
	盐分（%）	≤ 4.0			≤ 4.0
	酸价（mg/g）	≤ 4.0	4.1 ～ 5.0	5.1 ～ 7.0	≥ 7.0
	沙门氏菌	不得检出			检出
	细菌总数（10^6 个/g）	< 2.0			≥ 2.0
	黄曲霉毒素 B_1（μg/kg）	≤ 10			> 10

（2）常见鱼粉掺假手段。

①掺入植物性物质。如棉粕、菜粕、葵花粕、花生粕、玉米胚芽粕、豌豆粉、稻壳粉、麦麸、草粉、米糠粕、木屑等。该手段比较拙劣，目前已经日渐减少，除了个体小鱼粉厂偶尔用之。

②掺入其他动物性原料。水解羽毛粉、肉骨粉、虾壳粉、鸡肉粉、皮革粉、血粉、鱿鱼粉、食品加工下脚料等。此手段是目前国内使用鱼粉（含进口鱼粉）较为常见的掺假方式，其中以羽毛粉、肉骨粉、虾壳粉居多。有些鱼粉有计划地掺入多种掺假物，使得氨基酸组成异常，相较单一掺假规律被打乱，俗称鸡尾酒鱼粉。

③鱼粉掺鱼粉。这是更为高级的掺假方式，将差的鱼粉掺在好的鱼粉中，例如将国产、杂牌鱼粉掺在秘鲁鱼粉中，将越南鱼粉掺在国产鱼粉中，并在掺假后用外源氨基酸补齐短板氨基酸，这种方式较难鉴别，唯有对氨基酸组成进行分析，以确定鱼粉的品质等级。

（3）感官鉴别重点。

①色泽。颜色过深，加热过度或脱脂工艺不好，不管是哪种，其品质都已大打折扣。如果发现有部分焦褐色出现，还有可能是自燃过的鱼粉。

②粒度。太细、鱼肉纤维不明显，容易黏团：a. 掺假，刻意粉碎很细掩盖；b. 加工过程有将固液分离后的鱼溶浆或油水分离液回喷，一般新鲜度较高；c. 原料鱼小。目前属于 a 情况的越来越多。

③气味。有经验者可通过闻气味来粗略鉴别鱼粉的新鲜度，资深者还可大致鉴别鱼粉是否纯正，例如肉骨粉、鸡肉粉和虾壳粉这类气味较重的掺入物。如果对气味不敏感，可用热开水冲泡着闻。冲泡的同时还可观察，是否存在漂

浮或下沉缓慢的羽毛粉和植物性原料，下沉较快的河沙、骨头。

④镜检。体视显微镜（放大 20 倍左右）即可查看是否掺有外观特征明显的其他物质。如果样品过细，可结合生物显微镜观察其内在结构。镜检直观快速，除需要积累经验外，这是非常实用的掺假鉴别手段。与氨基酸组成分析结合使用，就能精准判定鱼粉的掺假对象和严重度。

⑤实用化学法鉴别。碱煮法（用 10% 碱液煮沸 20min，动物性蛋白基本能够全部溶解，不溶的是植物性物质）、新鲜度（不要完全根据挥发性盐基氮和酸价来评价）、蛋白的新鲜度用挥发性盐基氮（VBN）和组胺来表示，脂肪的鲜度一般用酸价、过氧化值、TBA 值（丙二醛）或 AOM 值（过氧化值）等指标来表示。值得一提的是，蛋白新鲜并不代表脂肪新鲜，因为加工工艺对脂肪氧化的影响更大。脂肪的鲜度一般以酸价、过氧化值、TBA 值或 AOM 值等指标来表示。酸价是油脂氧化的中间产物，先升高再降低是趋势，所以酸价和 VBN 的地位一样微妙，建议结合酸价和过氧化值来判定。

⑥常规分析。

常规总和：正常鱼粉的水分、粗灰分、粗脂肪、粗蛋白质总和比较稳定，一般为 96% ～ 101%，低于下限一般掺有植物性原料或者虾壳粉；高于上限一般含有非蛋白氮。

粗灰分和钙磷比值：正常鱼粉的粗灰分根据粗蛋白质含量和脱脂程度有一个合理的预估值，过大沙土多，过小有掺假可能。例如某秘鲁鱼粉粗蛋白质 65%，粗脂肪 9%，其粗灰分应在 16% ～ 18% 较为合理。正常鱼粉的磷与粗灰分的比值随原料鱼品种而定，相对稳定。根据某专业公司 2014—2015 年 76 个正常红鱼粉样品的检测结果统计，磷与粗灰分比值：进口鱼粉 15% ～ 16%，国产鱼粉 11% ～ 15%。相对其他饲料原料，鱼粉磷含量较高，如果磷与粗灰分的比值下降，基本是由掺假造成。

⑦定量检测。

鱼粉中水分含量一般为 10% 左右。水分过高不宜贮藏，过低可能存在加热过度，会导致氨基酸利用率降低。粗蛋白质含量一般应在 60% 左右。正常鱼粉的胃蛋白酶消化率应在 88% 以上。粗脂肪含量一般不应超过 12%，大于 12% 可能存在加工不良或原料不新鲜，这样的鱼粉贮藏时易发生酸败，出现异味，并影响其他营养物质的消化利用。

一般进口鱼粉含盐 2% 左右，国产鱼粉含量应小于 5%。但有些国产鱼粉含盐量很高，易造成畜禽食盐中毒，故检测鱼粉含盐量非常重要。全鱼粉粗灰分含量多在 16% ～ 20%，超过 20% 疑为非全鱼鱼粉。

2. 血浆蛋白粉

此类饲料是将血液经红细胞分离处理后，再将血浆经喷雾干燥所制成，所含的蛋白质达到 70% ～ 80%。适口性较好，容易被消化、吸收，主要用于制备高档乳猪料，用量为 5% ～ 6%。

3. 全血粉

将动物的鲜血经加工处理后制成干燥的粉状物，此类物质含有的粗蛋白质达到 80% 左右。此类饲料的适口性较差，且消化率较低，用量一般为 1% ～ 4%，超过 4% 后容易导致禽畜因摄食量减少而影响增重，猪饲料中很少应用。

（二）植物性蛋白

1. 大豆粕

（1）大豆加工的方法不同，饲用价值也不同。生大豆中含有多种抗营养因子，其中加热可以破坏的抗营养因子主要包括胰蛋白酶抑制因子、血细胞凝集素、抗维生素因子、植酸十二钠、脲酶等。加热无法破坏的包括皂苷、雌激素（大豆异黄酮）、胃肠胀气因子等。而豆粕中脲酶活性与胰蛋白酶抑制因子活性呈正相关，所以通常通过测定脲酶活性来反映蛋白酶抑制因子的活性。此外，大豆含有大豆抗原蛋白，能够引起乳仔猪肠道过敏、损伤，导致腹泻。在生榨豆饼中同样含有抗胰蛋白酶、血细胞凝集素、甲状腺肿诱发因子等有害物质，使用时一定要加热处理，破坏这些不良因子，以提高蛋白质利用率，见表 5–8。

表 5–8　大豆粕质量指标及分级标准

质量指标		A 级	B 级	C 级	不合格
必检	水分（%）	≤ 11.5	11.6 ～ 12.5	12.6 ～ 13.0	≥ 13.1
	粗蛋白质（%）	≥ 45.0	44.9 ～ 43.0	42.9 ～ 42.5	≤ 42.4
	尿酶活性（定性）	5 ～ 20min 变红	5 ～ 20min 变红	3 ～ 5min 变红	3min 变红
	感官性状	浅黄色，不规则碎片，色泽一致，无发酵、霉变、结块，无虫蛀及异味、异臭，无掺杂和污染等	浅黄色，不规则碎片，色泽一致，无发酵、霉变、结块，无虫蛀及异味、异臭，无掺杂和污染等	浅黄色，色泽不一致，有轻微发酵、霉变、结块、虫蛀及异味、异臭，无掺杂和污染等	色泽不一致，有霉变、结块、异味、异臭，有掺杂掺假和污染现象等

续表

质量指标		A 级	B 级	C 级	不合格
参考	粗灰分（%）	≤ 5.0	5.1 ～ 6.0	6.1 ～ 7.0	≥ 7.1
	尿酶活性（%，定量）	0.05 ～ 0.25	0.26 ～ 0.40	0.26 ～ 0.40	≥ 0.41
	蛋白溶解度 PS%	75 ～ 80		74 ～ 71 80 ～ 84	≥ 85 ≤ 70
	黄曲霉毒素 B_1（μg/kg）	≤ 30			> 30
	霉菌总数（10^3 个 /kg）	< 50			≥ 50

（2）大豆湿法膨化能破坏全脂大豆的抗原活性，同时也会破坏大豆细胞壁，提高大豆营养价值，尤其是可以提高油脂的利用率。

（3）大豆饼粕是大豆经取油后的副产品。压榨取油后的块状副产品称为大豆饼，浸提出油后的碎片状副产品称为大豆粕。粗蛋白质的含量为 40% ～ 46%，具体营养成分见表 5–9，可对各种年龄的种猪、商品猪使用。一般用量为 10% ～ 26%，有时可达到 30%。豆粕除粗蛋白质含量高以外，还含有丰富的氨基酸，且氨基酸组成符合畜禽生长需求。豆粕从制作工艺上又分为普通豆粕和发酵豆粕，将发酵后的豆粕用为饲料原料可提高动物的生长性能和饲料转化利用率，但在实际生产中将豆粕作为饲料原料时，应考虑大豆中的多种抗营养因子会影响机体对营养物质的吸收。

表 5–9　大豆饼成分及营养价值

（中国饲料数据库，2002 年第 13 版）

名称	大豆饼	大豆粕	名称	大豆饼	大豆粕
干物质（%）	89.0	89.0	赖氨酸（%）	2.43	2.66
粗蛋白质（%）	41.8	44.0	蛋氨酸（%）	0.60	0.62
粗脂肪（%）	5.8	1.9	胱氨酸（%）	0.62	0.68
粗纤维（%）	4.8	5.2	苏氨酸（%）	1.44	1.92
无氮浸出物（%）	30.7	31.8	异亮氨酸（%）	1.57	1.80
粗灰分（%）	5.9	6.1	亮氨酸（%）	2.75	3.26
钙（%）	0.31	0.33	精氨酸（%）	2.53	3.19
磷（%）	0.50	0.62	缬氨酸（%）	1.70	1.99
非植酸磷（%）	0.25	0.18	组氨酸（%）	1.10	1.09
消化能（猪）（MJ/kg）	14.39	14.26	酪氨酸（%）	1.53	1.57
代谢能（猪）（MJ/kg）	12.59	12.43	苯丙氨酸（%）	1.79	2.23
代谢能（鸡）（MJ/kg）	10.54	9.83	色氨酸（%）	0.64	0.64

（4）大豆含有丰富的蛋白质（35%左右），与玉米比较，赖氨酸高10倍，蛋氨酸高2倍，胱氨酸高3～5倍，色氨酸高4倍。豆粕蛋白质含量高，平均达43%，且赖氨酸、蛋氨酸、色氨酸、胱氨酸比大豆高15%以上，是目前使用最广泛、饲用价值最高的植物性蛋白质饲料。其缺点是：蛋氨酸偏低，含胡萝卜素、硫胺素和核黄素较低，在配制日粮时，添加少量动物性蛋白质饲料如鱼粉，即可达到蛋白质的互补作用。

（5）大豆饼粕国家标准感官性状为：大豆饼呈黄褐色饼状或小片状，大豆粕呈黄褐色或淡黄色不规则的碎片状，分带皮大豆粕和去皮大豆粕两大类。色泽一致，无发酵、霉变、结块、虫蛀及异味异臭。不得掺入饲料用大豆粕（饼）之外的物质，若加入抗氧化剂、防霉剂、抗结块剂等添加剂时，要具体说明加入品种和数量。

2. 花生粕

（1）花生粕是花生果实经压榨后的副产物，是一种优质的蛋白质饲料，花生粕中含有丰富的营养物质，如蛋白质、膳食纤维、多糖、黄酮及植酸等，作为饲料原料开发价值较高。花生饼粕的蛋白质含量很高，一般花生饼蛋白质含量为44%左右，大部分氨基酸基本平衡，适口性好，无毒性。但脂肪含量高，不宜贮存，易产生黄曲霉毒素，限制了其在猪饲料中的使用量，一般多与豆饼合并使用。

（2）花生粕为48%左右，比大豆饼粕还高，但蛋白质品质较差，氨基酸不平衡，赖氨酸、蛋氨酸含量低。

（3）花生粕中干物质含量较高，可达88%，粗脂肪含量占1.4%，矿物质含量较低，钙的含量为0.27%，磷的含量为0.56%。花生粕虽蛋白质含量高，但并未成为蛋白质饲料原料的首选，限制其使用量的主要原因是花生粕中有霉菌毒素（黄曲霉毒素），黄曲霉毒素形成受花生的生长环境（温暖、潮湿）和花生油的加工工艺影响，这极大地影响了其在畜禽生产中的应用。目前主要通过氨化作用和饲料中的黄曲霉毒素吸附剂来去除花生粕中的黄曲霉毒素。在实际生产上，常用于去除花生粕中黄曲霉毒素的是臭氧，臭氧处理对花生粕品质和营养的影响较小且安全有效。

3. 玉米蛋白粉

玉米蛋白粉又称玉米筋蛋白。玉米面筋粉去胚芽后，采用离心分离，使淀粉与蛋白质分离而得到玉米浆，经过滤干燥得到富含蛋白质的产品，为玉米原料的5%～8%。依据工艺，玉米蛋白粉的蛋白质主要来自玉米胚芽乳和醇溶蛋白，可利用能量高，是一种高蛋白、高能量的饲料。

玉米蛋白粉中的抗性淀粉不易消化吸收。粗纤维成分主要由非淀粉多糖和木质素组成，非淀粉多糖的含量、种类、结构会影响玉米蛋白粉的消化吸收。玉米蛋白粉的氨基酸比例不太合理，矿物质和维生素组成、含量也较差。粗蛋白质含量 60% 的玉米蛋白粉粗纤维含量一般都在 2% 以下；粗蛋白质含量在 40% 的玉米蛋白粉粗纤维含量在 3% ～ 6%。但蛋白质含量不同的玉米蛋白粉的营养价值略有差异，玉米蛋白粉的蛋氨酸含量很高，而赖氨酸、色氨酸含量略低。

依据粗纤维含量，可判断是否有植物性物质掺入。灰分含量一般不超过 4%，灰分偏高可以推断是否掺入黄土、沙石等杂质。对于掺入非蛋白氮的检测方法，测定氨基酸组成是最有效的方法。玉米蛋白粉感官要求浅黄色至黄褐色，色泽均匀。具有固有气味，无腐败变质气味。呈粉状或颗粒状，无发霉、结块、虫蛀。不含沙石杂质；不得掺入非蛋白氮等物质。

4. 菜籽粕

菜籽粕的粗蛋白质含量高达 36%，氨基酸组成较平衡，含硫氨基酸含量高，蛋氨酸、赖氨酸含量也较高，但低于豆粕，且精氨酸含量低。菜籽粕的碳水化合物多是不易消化的戊糖，戊聚糖含量 8%，粗纤维含量 11% 左右，可利用能量水平低于豆粕和花生粕，高于棉粕。菜籽粕中含有大量的烟酸、胆碱和矿物质（钙、磷、硒、锰），胡萝卜素和维生素 D 含量低。菜籽粕作为饲料原料的使用量远不及豆粕，菜籽粕中含有的大量有毒有害物质（单宁、植酸、异硫氰酸酯、噁唑烷硫酮、硫氰酸酯）影响畜禽对其他营养物质的吸收，且适口性差，从而对动物的生产性能产生负面影响，这极大程度限制了菜籽粕在动物饲粮中的应用。

适口性差，且含有硫代葡萄糖苷，其代谢产物对猪有毒，喂前宜采取脱毒措施。在仔猪饲料中使用时，用量不可超过 5%；在育肥猪饲料中使用时，用量不可超过 8%；在种母猪饲料中使用时，用量不可超过 3%，妊娠后期母猪和泌乳母猪不宜饲用，种公猪禁止使用。

5. 棉籽粕

棉籽粕是棉花的种子浸取油后剩下的副产品。棉籽饼粕蛋白质含量高达 40%，且含有丰富的氨基酸。棉籽饼的水解产物中可检测出 17 种氨基酸。棉籽饼粕中的抗营养因子棉酚会影响家禽对营养素的吸收。在生产上，棉籽饼粕的添加量远远低于豆粕，其原因之一是棉籽饼粕中粗纤维含量较高，可达 15% 左右，从而限制了其添加量，目前棉籽粕的发酵工艺正逐渐成熟，发酵后的棉籽粕蛋白质含量甚至高于豆粕，因此发酵棉籽粕在畜禽生产上的应用也逐渐增多。

但由于游离棉酚的存在，喂猪后易发生累积性中毒，加之粗纤维含量高，因而在猪饲料中要限制使用，不去毒处理时，饲料中含量以不超过5%为宜。棉酚（此类物质对猪有害），使用后容易给公猪、母猪带来繁殖问题。不宜对种猪使用，对于生长猪用量不可超过10%。

6. 葵花籽粕

葵花籽粕是以向日葵籽为原料，经预压浸提法取油后的副产物。葵花籽饼粕的营养价值取决于脱壳程度和加工工艺，葵花籽粕粗蛋白质含量在32%左右。粗纤维含量为20%左右，其能量稍低于豆粕，葵花籽粕氨基酸含量高且组成平衡，其中蛋氨酸和胱氨酸含量高于豆粕，各种氨基酸含量中等，富含铁、锰、锌和B族维生素。

葵花籽粕中生长抑制因子较少，抗营养因子主要包括植酸和绿原酸。葵花籽粕未能在畜禽饲料产业广泛应用是因为其纤维含量高、能量低、组成成分不稳定。我国葵花籽饼粕一般不脱壳或脱少部分壳，因此粗纤维含量均在20%以上，影响饲用价值。

7. 芝麻饼粕

芝麻压榨分离出芝麻油后得到副产物，粗蛋白质含量为43%，粗脂肪在7%以上，钙含量为1.99%，磷含量为1.33%，氨基酸含量丰富，氨基酸消化率高于棉籽饼粕和菜籽饼粕，是一种优质的蛋白质饲料，芝麻饼粕中含有的抗营养因子（植酸、草酸）会影响畜禽对其他营养物质的吸收利用，从而限制了芝麻饼粕在家禽饲料中的应用，生产上可以通过发酵工艺来减少芝麻饼粕中抗营养因子的影响。

8. 棕榈粕

用于畜禽生产中棕榈粕的粗蛋白质含量不高（14%～21%），棕榈粕的蛋氨酸和赖氨酸含量低，消化率处于平均水平，但其含有较高水平的能量，因此可以成为日粮总蛋白质组成的一个比较理想的部分。粗纤维含量也相对较高（20%～23%），棕榈粕在许多方面可以与玉米麸相媲美。

9. 蛋白原料的替代

合理的蛋白原料替代是饲料企业降本增效的关键点，为企业降低成本，在激烈竞争中创造更大价值。蛋白原料替代主要包括以下几个方面。

（1）主要蛋白原料的直接替代，因各主要蛋白原料价格差异演变的各种原料之间的使用比例变化，比如花生粕、菜粕、棉粕价格波动时的相互调整。

（2）由于部分比玉米蛋白偏高的原料的使用，间接降低了部分豆粕等蛋白原料的使用，比如小麦、大麦、高粱等的使用。

（3）一些小众的蛋白原料因价格优势及技术成熟而被使用。

（4）生物蛋白饲料的使用，此类饲料富含消化酶、益生菌，粗蛋白质含量为 50% ～ 55%，使用时可替代部分豆粕或鱼粉，一般用量为 3% ～ 5%。

三、纤维类原料（麸皮等）

（一）粗纤维的概念

目前对饲料粗纤维的测定和研究已经有很长时间。学术界普遍的看法是粗纤维主要集中于谷类的麸皮、果蔬类的表皮及其纤维组织中，它不是一个化学实体，经典的方法测定出的粗纤维以纤维素为主，还有少量的半纤维素和木质素，是一种非淀粉多糖（NSP）和木质素的总和。

猪日粮常用的膳食纤维是麦麸、统糠、大豆皮、豆渣、DDGS 等；而苎麻、苜蓿、苹果渣、葡萄渣、甜菜渣由于各种原因只在局部地区少量应用。

（二）常见日粮粗纤维原料的优劣势

1. 小麦麸

小麦麸是小麦深加工面粉后的一种副产物，占小麦籽粒的 22% ～ 25%、小麦麸的粗纤维一般为 8.5% ～ 12%。小麦麸含有丰富的营养成分，除含有丰富的膳食纤维外，还含有蛋白质、维生素等。

小麦麸是优质活性膳食纤维的重要来源之一。其特征是结构疏松、含有适量的硫酸盐类，体积大、容重小、吸水膨胀性强，对多数动物有一定的轻泄作用，可防止便秘。含有很多亲水基团且有很高的持水能力，大致是自身重量的 1.5 ～ 25 倍。由于小麦麸的产量大、供应足、价格便宜，是应用在猪日粮中最广泛的膳食纤维原料。但因为小麦麸粗纤维高、难以消化，不宜作仔猪料，在育肥猪中可以使用，使用量一般控制在 15% ～ 25%。

2. 大豆皮

采用去皮浸出法生产去皮大豆粕而形成大豆皮，其中性洗涤纤维（NDF）和酸性洗涤纤维（ADF）很高，大豆皮的粗纤维含量 34% 左右，霉菌毒素低，目前广泛应用在母猪日粮中，能够很好地解决母猪便秘问题。但由于大豆皮有较高的粗纤维和脲酶活性，并可能具有某些抗营养作用，在猪、鸡等单胃动物饲料中使用要谨慎，且比例不易过高。

3. 苹果渣

苹果渣是新鲜苹果经破碎压榨提汁后的剩余物，主要由果皮、果核和残余果肉组成，苹果渣含有可溶性糖、维生素、矿物质及纤维素等，其自然散发出一种果香味，适口性好，外观呈浅褐色，粗纤维含量比较高（15.3%），苹果鲜渣水分含量为70%～85%极易变质，不易保存，但是可利用其作发酵基质生产酵母饲料、菌体饲料等，可提高其饲用价值，因此宜用于猪饲料中，在母猪日粮中应用可以很好地解决便秘。未经处理的苹果渣因其含有果胶成分，一般对家禽消化有不良影响，故不适宜饲喂。

4. 玉米皮

玉米皮是玉米籽粒的表皮部分，可称为玉米纤维或者玉米渣，是加工玉米淀粉后的一种副产物，玉米皮的主要成分为纤维素和淀粉，纤维素和半纤维素的总含量几乎占到玉米皮的一半，又因为其营养价值不高、利用率低、霉菌毒素不好控制，一般在猪日粮很少应用，妊娠母猪少量应用。

5. 大麦麸

大麦麸具有小麦麸的一系列营养优点，而且霉素毒素一般不超标。如果货源稳定，可在猪日粮中使用。但目前在猪日粮中一般是直接应用大麦，很少脱皮。

6. 葵花籽饼（粕）

其粗纤维含量一般在22%～26%，其中木质素含量高达8%～10%。去壳的葵花籽粗蛋白质含量为35%～38%，带壳的葵花籽饼粗蛋白质含量为22%～26%，蛋氨酸含量高于大豆饼，高达1.6%，远高于豆粕，在补充赖氨酸和平衡蛋白的情况下，可以完全代替豆粕使用，但需要注意残油酸败的影响，毕竟葵花籽饼大多不再采用浸油的方式形成葵花籽粕，同时葵花籽饼适口性好，蛋白质消化率高，但如果是带壳榨油的，则粗纤维含量太高，不宜大量饲喂于单胃动物。在猪日粮中添加粗纤维十分有必要，与精饲料相搭配可以降低养殖成本，又能补充营养，猪食用适量的粗纤维还能有效改善猪便秘的问题。

（三）粗纤维对猪的营养作用

1. 提供生长所需的能量

日粮中部分纤维多糖在适宜的酸碱环境下可被后肠消化道微生物所降解，大部分以挥发性脂肪酸（VFA）的形式被动物吸收利用。其中乙酸主要氧化供能，丙酸生成酯，丁酸被大肠上皮细胞吸收后迅速转化为乙酸或被氧化分解。

2. 刺激胃肠道发育

仔猪在出生后，因为肠道发育的不健全，特别是断奶后应激的影响，往往导致肠绒毛膜发育缓慢，从而导致饲料消化吸收率降低，最终导致腹泻；这也是饲料销售过程中经常遇到的问题；在仔猪料中少量添加粗纤维，可促进仔猪肠道发育。粗纤维在大肠内发酵产生的挥发性脂肪酸（VFA）主要是丁酸，是结肠上皮细胞生长的主要能源；同时VFA也会促进小肠内指状绒毛的生长和发育；从而提高仔猪对饲料的利用率。断奶仔猪的饲料中一般含粗纤维为3%～8%。具体视饲料原料而定。

3. 维持肠胃道正常蠕动，减少稀粪和便秘发生

采食适量粗纤维可被后肠道内有益菌发酵降解，预防腹泻，同时因为粗纤维的吸水性，可以将粪便中的水分吸收，减少小猪拉出的稀粪；同时因为粗纤维是肠胃正常蠕动并影响养分吸收的重要因素，猪在采食后，粗纤维通过调节胃肠道食糜排出速度而保证肠道的畅通；因此，适当的粗纤维可以防止便秘，特别是在母猪料中，因粗纤维的功能及吸水作用，能显著降低便秘发生的概率。

4. 增加饱感、增加采食量

当日粮纤维水平增加时，能量水平降低，猪的采食量会增加。日粮纤维水平增加1%，饲料采食量会增加3%。

5. 改善胴体品质，提高母猪体况

适当提高日粮纤维水平，可以使猪的胴体脂肪含量下降，瘦肉率提高，从而改善胴体品质。一些研究表明，适宜的纤维水平不仅可以保持怀孕母猪的体况，而且对母猪的健康状况没有有害影响。

6. 维持肠道微生物平衡

猪的后消化道内存在大量细菌，在正常情况下，有益菌占优势，不同菌种间形成一种相对稳定的生态系统，这对宿主的生命活动是至关重要的。日粮纤维可被后肠道内有益菌发酵降解，并作为肠道内细菌代谢的能量来源，有利于微生物区系平衡的维持，防止动物消化功能紊乱。断奶仔猪日粮中添加一定量粗纤维，可预防腹泻，维持仔猪健康。其机理可能是发酵产生的VFA可通过大肠对水的吸收和抑制有害菌的生长来预防仔猪腹泻。

7. 解毒作用

日粮纤维可吸附饲料和消化道中产生的某些有害物质，使其排出体外。适量的日粮纤维在后肠发酵，可降低后肠内容物的pH，抑制大肠杆菌等病原菌的生长，防止仔猪腹泻。

四、矿物质选择（钙磷等）

动物体内的化学元素约有55种，已知必需的矿物元素有16种，需求量大的称为常量矿物元素（占元素 0.01% 以上），包含钙、磷、钾、钠、氯、镁、硫。微量矿物元素包括铁、铜、锰、锌、硒等。

矿物元素属于营养性添加剂，在动物体内起着非常重要的作用。参与骨骼和牙齿的组成，在血液、淋巴液、组织液中以离子形式存在，调整 pH 值和渗透压，与脂肪、蛋白质和其他营养物质结合，存在于核酸、氨及大部分辅酶中，作为维生素、激素的组成，参与能量代谢及酶的活动。

各种矿物元素在动物日粮中的多少，影响饲料的利用率。缺乏或比例失调，导致畜禽的各种代谢性疾病，食入过量则会导致动物中毒。

天然生成的矿物质和工业合成的单一化合物以及混有载体的多种矿物质化合物配成的矿物质添加剂预混料，不论提供常量元素或微量元素者均属此类。

（一）常量矿物元素

如钙、磷、钠、氯等都是通过以矿物饲料原料的形式直接添加到饲料中，例如食盐、蛋壳粉、碳酸钙等。

1. 食盐

主要成分是 $NaCl$。一般食盐 $NaCl$ 含量应在 99% 以上，若属精致食盐应在 99.5% 以上。有粉状和块状。$NaCl$ 是动物饲料中较缺或不足的元素，钠和氯元素在体内主要与离子平衡、维持渗透压有关。因此食盐成为补充钠、氯的最简单、价廉的有效物质。$NaCl$ 可使体液保持中性，也有促进食欲、参与胃酸形成的作用。

食盐的生理作用是刺激唾液分泌、促进其他消化酶的作用，同时可改善饲料的味道，促进食欲，保持体内细胞的正常渗透压，氯还是胃液的组成成分，对蛋白质的消化具有重要作用。大多数植物性饲料含钠、氯很少，故常用食盐补充，在猪饲料中一般食盐含量在 0.3% 以上，缺乏则猪食欲减退，出现异嗜现象，咬尾、咬耳。在限水条件下饲料中盐含量超过 8% 有中毒症状，神经过敏、麻痹等。劣质鱼粉掺有大量氯化钠，会发生盐过量的毒副作用。

2. Ca、P 类补充饲料

（1）钙约占动物体内所含无机物的 70%，是动物的齿、骨骼、蛋壳的重要组成元素。钙对动物的生长发育和生产水平至关重要。一般配合饲料中规定的钙磷比例，鸡为 2∶1，猪为 1.5∶1，牛为（2 ～ 1）∶1。

（2）石粉、贝壳粉、蛋壳粉则是饲料中常用到的补充钙源的矿物质饲料。其中，石粉称为天然的碳酸钙，含钙在 35% 以上。贝壳粉是所有贝类外壳粉碎后制得的产物总称，主要成分为碳酸钙。蛋壳粉是蛋加工厂的废弃物，包括蛋壳、蛋膜、蛋等混合物经干燥灭菌粉碎而得，优质蛋壳粉含钙可达34%以上。一般来说，碳酸钙颗粒越细，吸收率越好。一般有机饲料中Ca、P不平衡，平均在1∶10左右。植酸磷利用率，对于单胃动物不超过50%。仔猪对植酸磷只有10%～20%的利用率。反刍动物可达60%左右。有效Ca、P含量和平衡应认真考虑。在配合饲料中，猪保证63%的无机磷，方可保证磷的有效含量和供给。

（3）磷几乎存在于所有细胞中，为细胞生长和分化所必需。磷的生理功能在于参加骨的组成，且与能量代谢有关，调节血液酸碱度。在饲料中常用到的含磷补充物有磷酸二氢钠、磷酸氢二钠。其中，磷酸二氢钠为白色粉末，含两个结晶水或无结晶水，含磷在26%以上。磷酸二氢钠水溶性好，生物利用率高，既含磷又含钠，适用于所有饲料，磷酸氢二钠为白色细粒状，无水磷酸氢二钠含磷为21.82%。猪常用的钙磷矿物质饲料有骨粉和磷酸氢钙。石粉和砺粉中仅含有钙，不含磷。骨粉或磷酸氢钙占日粮中用量的1.5%～2.5%时，可以满足磷的需要，在生长育肥期的日粮中还要添加0.5%～1%的石粉，可满足钙的需要。

（4）骨粉是另一种常用的补磷、钙的饲料原料。它是猪、牛骨经高压蒸或煮，除去有机物后经碾碎磨制而成。其主要成分是磷酸钙。优质蒸制骨粉，一般含钙量为30%～36%，磷为11%～16%，中华人民共和国内贸行业标准《饲料用骨粉及骨肉粉》（GB/T 20193—2006）规定，饲料用一级骨粉的理化指标是：钙≥25%，磷≥13%，钙＜20%，磷＜10%者为等外品。另外，需要注意的是，猪日粮中磷含量过高，会导致纤维性骨营养不良症。

（二）微量矿物元素

（1）微量矿物元素（如铁、铜、锰、锌、硒等）都是以添加剂预混料的形式添加使用的。在完全的平衡日粮中，还要补加铁、铜、锌、锰、钴、碘等微量元素。所添加的微量元素都是相应的盐类。常用的微量元素化合物有硫酸亚铁、硫酸铜、硫酸锌、硫酸锰、硫酸钾、氯化钴、亚硒酸钠等。在选用矿物质饲料时，一定要注意动物对矿物饲料的利用率和相互之间的比例。

（2）铜源。常用的铜源是五水硫酸铜，分子量为249.69，含铜25.44%、硫12.84%。硫酸铜添加在饲料中供给动物铜元素和硫元素。硫酸铜也有杀真菌和驱虫作用。但动物粪便中所含铜对环境形成污染，中华人民共和国农业行业标准《饲料级硫酸铜》中规定：硫酸铜含量大于98.50%，铜≥125.0%，砷≤5mg/kg，重金属（以铅计）≤10mg/kg，水不溶物≤0.2%。除硫酸铜外，可用于补充饲料中的铜盐包括：醋酸铜，含铜 31.8%；氯化铜，含铜 37.2%；氧化铜，含铜 79.9%；碱式碳酸铜，含铜 53%；蛋氨酸铜，含铜 17.5%；碳酸铜，含铜 51.4%；氧化亚铜，含铜 88.8% 等。各种铜盐的生物效价不同，对猪而言，无机铜源中以硫酸铜最好，碳酸铜、氧化铜次之。有机酸和氨基酸的铜络合物的生物学效价均比铜的无机化合物好，但价格较昂贵。

（3）锌源。常用的锌源是一水硫酸锌，分子量为 179.45。含锌 36.4%。中华人民共和国农业行业标准《饲料级硫酸锌》规定：一水硫酸锌纯度必须＞98.0%，锌≥ 35.0%，砷≤ 5mg/kg，重金属（以 Pb 计）＜ 20mg/kg，水不溶物≤ 0.050%，其他锌源包括：氧化锌，含锌 80.34%；碳酸锌，含锌 52.1%；氯化锌，含锌 48%；醋酸锌，含锌 29.8%；乳酸锌，含锌 22%。锌的硫酸盐、碳酸盐、氯化物和氧化物对动物的生物效价比较相近。

（4）铁源。常用的补充铁的添加剂为：水硫酸亚铁，分子量为 169.93，含铁 32.9%。硫酸亚铁的水溶液在空气中被氧化，温度升高氧化会加快，呈黄褐色，随之生物效价下降。中华人民共和国农业行业标准《饲料级硫酸亚铁》规定：饲料用硫酸亚铁含量应在 98.0% 以上，铁≥ 19.68%，砷≤ 2mg/kg，重金属（以 Pb 计）≤ 20mg/kg，水不溶物≤ 0.2%。

其他用于饲料的包括：富马酸亚铁，含铁 32.9%；乳酸亚铁，含铁 39%；四氧化三铁，含铁 72.36% 等。

（5）锰源。一水硫酸锰是常用的补充饲料中锰的添加剂，分子量为 169.02，含锰 32.5%。中华人民共和国农业行业标准《饲料级硫酸锰》规定：一水硫酸锰含量高于 98.0%，锰≥ 31.8%，重金属（以 Pb 计）≤ 15mg/kg，水不溶物≤ 0.05%，砷≤ 5mg/kg。其他常用的锰盐包括：碳酸锰，含锰 47.79%；氯化锰，含锰 27.8%；氧化锰，含锰 77.4%；醋酸锰，含锰 22.4%；葡萄糖酸锰，含锰 12.3%。在这些锰源中，二价锰易被动物吸收，效果好，高价锰的效果差。

（6）碘源。碘化钾是常用的补充碘的添加剂，含碘 76.4%。中华人民共和国农业行业标准《饲料级碘化钾》规定：碘化钾含量应不少于 99.0%，碘≥ 75.7%，砷≤ 2mg/kg，钡≤ 10mg/kg，重金属（以 Pb 计）≤ 10mg/kg，水分≤ 1.0%。

其他碘化物包括一水碘酸钙，含碘 62.22%；碘酸钾，含碘 59.3%。此外，还有碘化钠、碘化亚铜、过碘酸钙等。

（三）矿物质元素的相互作用

微量元素之间的相互作用。补充矿物质饲料应特别注意高镁，高镁

（> 0.5%）可能导致磷缺乏（因相互作用形成不可用的磷酸盐）。

Ca、P 与其他元素之间的拮抗作用。Ca 与 Zn、Mn、Cu、I、Fe、Mg；P 与 Zn、Mn、Mo、Fe、Mg 等都存在拮抗作用。

草酸、脂肪酸等的副作用，可能使 Ca 皂化，影响 Ca 吸收。猪日粮 Ca 含量高于 1%，可能产生锌缺乏。

五、维生素的选择（维生素 A、维生素 D、维生素 E 等）

常见的维生素分为脂溶性维生素和水溶性维生素两大类，前者包括维生素 A、维生素 D、维生素 E、维生素 K，后者包括 B 族维生素和维生素 C 等。在猪的生长发育过程中，较重要的是维生素 A、维生素 D、维生素 E 和 B 族维生素中的几种，因为它们在猪体内不能自行合成，需要靠饲料供应。不同生长发育时期的猪，对各种维生素的需要量不一致。维生素价格根据用途和种类不同，市场价格也不一样。一般脂溶性维生素能够在体内适量储存，因此不致发生急性缺乏，而 B 族维生素不易在体内大量积蓄，所以常易发生缺乏症。

维生素的添加，既要保证猪场的实际需要，也要考虑经济成本的支出。大多养殖者都会在猪饲料中添加维生素，但是真正有多少被吸收利用，就不得而知了。夏季的高温和高湿会造成动物的应激，再加上动物的饲养密度大，造成动物对维生素的需要量加大，因此需要定期额外添加。另外，由于很多维生素在高温、高湿或强光条件下不稳定，易被破坏失效，选择工艺先进、质量稳定的多维显得尤为重要。多维利采用纳米分割和乳化包被技术，将大分子的维生素颗粒分割有利于机体吸收，而且将不稳定的维生素包被，使得维生素性质稳定，适合生产上添加使用。

（一）猪对各种维生素的需要量

1 ～ 5 日龄仔猪每日每头需要量。维生素 A：467IU；胡萝卜素：1.9mg；维生素 D：48IU；维生素 E：2.4IU；维生素 K：0.43mg；维生素 B_2：0.65mg；烟酸：4.8mg；泛酸：2.9mg；维生素 B_{12}：4.8mg；维生素 B_1：0.29mg；生物素：0.03mg；叶酸：0.13mg。

5 ～ 10 日龄仔猪每日每头需要量。维生素 A：1 056IU；胡萝卜素：4.2mg；维生素 D：106IU；维生素 E：5.3IU；维生素 K：1.06mg；维生素 B_2：1.44mg；烟酸：10.6mg；泛酸：6.2mg；维生素 B_{12}：10.6mg；维生素 B_1：0.62mg；生物素：0.05mg；叶酸：0.29mg。

10 ～ 20 日龄仔猪每日每头需要量。维生素 A：1 563IU、胡萝卜素：6.3mg；

维生素 D：179IU；维生素 E：9.8IU；维生素 K：1.96mg；维生素 B_2：2.63mg；烟酸：16.1mg；泛酸：9.8mg；维生素 B_{12}：13.4mg；维生素 B_1：0.92mg；生物素：0.09mg；叶酸：0.54mg。

20 ～ 35 日龄生长育肥猪每日每头需要量。维生素 A：1 812IU；胡萝卜素：7.2mg；维生素 D：278IU；维生素 E：15IU；维生素 K：2.8mg；维生素 B_2：3.6mg；烟酸：20mg；泛酸：15mg；维生素 B_{12}：15mg；维生素 B_1：1.5mg；生物素：0.14mg；叶酸：0.84mg。

35 ～ 60 日龄生长育肥猪每日每头需要量。维生素 A：2 615IU；胡萝卜素：10.5mg；维生素 D：302IU；维生素 E：22IU；维生素 K：4mg；维生素 B_2：4.4mg；烟酸：24mg；泛酸：22mg；维生素 B_{12}：22mg；维生素 B_1：2.2mg；生物素：0.2mg；叶酸：1.21mg。

60 ～ 90 日龄生长育肥猪每日每头需要量。维生素 A：3 358IU；胡萝卜素：13.4mg；维生素 D：328IU；维生素 E：28IU；维生素 K：5.2mg；维生素 B_2：5.7mg；烟酸：26mg；泛酸：28mg；维生素 B_{12}：28mg；维生素 B_1：2.8mg；生物素：0.26mg；叶酸：1.55mg。

（二）主要维生素的作用

1. 维生素 C

猪的生长过程中要经历各种应激，如环境、气候突变、运输等，会影响猪体抗坏血酸的合成与利用，从而导致猪体内维生素 C 缺乏，轻则采食量下降，重则导致疾病的发生。每千克饲料中添加 20 ～ 50mg 的维生素 C，可有效减缓各种应激，减少猪群的发病概率。

0 ～ 50mg 的维生素 C，可有效减缓各种应激，减少猪群的发病概率，增强抗病能力。大量维生素 C 可促进抗体生成，增强白细胞吞噬功能有抗炎、抗过敏作用。在防治传染病时，饲料内添加维生素 C，可加强机体对疾病的抵抗力，缩短病程，减少死亡。猪群在患病后的恢复期中，由于疾病的创伤，需要大量的营养和维生素来修复，此时猪机体内严重缺乏维生素 C，有的甚至可引起坏血病，在饲料中添加 0.02% 的维生素 C，则可增强猪机体抗病力。

维生素 C 还具有还原性，因此在金属离子的代谢过程中起到重要作用，维生素 C 可使饲料中的不易吸收的三价铁还原成二价铁，促进肠道对铁的吸收，提高肝脏对铁的利用率，有助于治疗缺铁性贫血。此外，补充维生素 C 可降低毛细血管的通透性和脆性，从而达到止血的目的。猪患有猪痢疾，添加维生素 C，就会提高止血功能，缩短感染后的恢复期，减少死亡率。

母猪在怀孕期，维生素 C 可在猪体内合成，并能满足需要，但在热应激、环境应激、疾病应激等状态下，维生素 C 合成量下降，血液中含量降低，影响产仔率。及时添加维生素 C，每吨饲料中添加 150 ～ 200g 维生素 C，可防止产弱仔猪，提高仔猪的成活率。

2. B 族维生素

维生素 B_1 又称硫胺素，在糠麸和酵母中含量最丰富，可以维持神经系统、心脏、肌肉的正常活动。常用于猪的食欲不振、精神状态不佳、神经衰弱以及体温低时的升温。猪对维生素 B_1 最小需求量是每 100kg 体重 2 ～ 4mg。维生素 B_2 又名核黄素，主要存在于糠麸、酵母、西红柿、甘蓝、动物的肝肾、脑组织、维生素 B_6 主要用于消化系统，猪食欲不振，饲料不消化，呕吐，在酵母、禾本科植物中含量较高，动物的肾、肝和肌肉中亦有一定含量。维生素 B_{12} 具有造血和蛋白质合成的功效，有助于生猪的增重，主要用来治疗严重的贫血，还可促进碳水化合物脂肪代谢。促进细胞发育成熟，防止贫血，维护神经系统健康，是神经系统不可缺少的。缺乏会导致食欲不振和其他症状。

维生素 B_1 广泛存在于米糠、麸皮及胚芽中，有参与体内糖代谢功能。保护神经系统、促进肠胃蠕动，增强食欲。维生素 B_1 缺乏会引起代谢失调，功能紊乱，厌食、体力下降、忧郁、急躁、发育迟缓。严重会发生神经炎、消瘦、浮肿等。

B 族维生素能够迅速补充病猪体内失去的电解质，调节内环境的酸碱平衡。可以用于中毒性和温热性疾病的辅助治疗。用于转群、换料、疫苗接种、天气骤变、噪声等各种因素引起的应激反应。同时还可以有效地改变猪体表的颜色，使猪毛色发亮，提高采食量，改善肉质，能达到提前出栏的效果。

当猪场发生猪丹毒或者猪肺疫等发热性传染病时，病猪在治愈后，大多数会出现厌食的症状，此时可以给猪肌注维生素 B_1，这样可以促进猪的肠胃恢复，提高新陈代谢水平。当仔猪出现黄痢或者其他一些肠胃疾病时，可以用抗菌消炎类的药物配合维生素 B_1，使仔猪更快地恢复健康。猪湿疹病可以用复合维生素 B 加地塞米松，1 次 /d，一般 1 ～ 3 次即可治愈。

3. 维生素 E

维生素 E 作为一种重要的抗氧化剂，具有重要的营养物质作用，尤其对于母猪繁殖、胎儿生长发育期、产后哺乳生产有着很大的作用。因此，正确合理地使用维生素 E，对提高母猪的生产性能、增强猪只的生命力具有积极的促进作用。

母猪的繁殖效率对于猪场的经济效益至关重要。而维生素 E 作为一种强大的抗氧化剂，可以减轻母猪体内过氧化物的形成。同时，维生素 E 还具有保护泌乳腺、促进卵巢发育和支持胚胎发育的作用。此外，合理使用维生素 E，还可增强母猪的免疫力，减少疾病的发生率。

一般来说，母猪维生素 E 的日摄入量取决于其体重和生理状态。对于孕期母猪来说，其维生素 E 的需求量会有所增加，特别是在怀孕后期，影响胎猪后期生长发育的维生素 E 水平需要增加。据研究表明，孕晚期母猪或哺乳母猪的维生素 E 的建议用量 300 ～ 400IU/kg 干物质。

在使用维生素 E 的过程中，需要注意以下几点：一是不要过量使用。尽管维生素 E 对母猪的繁殖产生良好的影响，但是过量的使用也可能会引起负面影响。二是正确选用维生素 E 产品。市面上维生素 E 产品的品质参差不齐，给母猪的体内环境带来不利影响。因此，在使用维生素 E 之前，需进行充分的调查和了解。三是注意与其他饲料添加剂的搭配使用。在使用维生素 E 的同时，也应合理选用其他饲料添加剂，以提高猪只生产性能，增强生命力。

母猪可根据需要注射维生素 E。维生素 E 是一种抗氧化剂，可以帮助细胞对抗自由基的损害。所以维生素 E 对母猪有许多有益的作用，包括：促进生殖，维生素 E 可以促进孕妇的生殖健康，降低流产率和提高仔猪存活率；降低猝死率，由于母猪在分娩时面临巨大的压力，因此维生素 E 可以降低母猪猝死率和仔猪的畸形率；增强免疫力，维生素 E 可增强母猪的免疫力，降低患病率和死亡率。

在怀孕前的最后 1 个月，母猪可以每天注射 1mg/kg 的维生素 E，通常需要注射 50 ～ 100mL 的维生素 E。一定按照药品说明进行注射，不要随意增量或减量。另外，在注射维生素 E 前，应确保母猪身体健康，不要在疾病和其他身体状况不稳定的情况下注射维生素 E。避免在怀孕的初、中期注射维生素 E，可能会导致流产和不健康的仔猪。在注射维生素 E 前，应采取以下几个措施，以最大限度地减少母猪的不适。选择合适的注射器和针头。通常，应选择 10mL 或 20mL 的注射器，以确保需要注射的维生素 E 量足够。最好是在母猪的后腿根部注射，以确保药物不会流失和腐败。给母猪注射前，最好先用酒精消毒，以避免细菌感染。注药前要先将维生素 E 充分摇匀，以确保药物的均匀性。

4. 维生素 A

主要生理功能是保持猪的呼吸、消化及生殖系统黏膜的正常功能；维生素 A 容易遭受高水分、强光、微量元素的破坏。在幼猪缺乏维生素 A 时，主要表现为食欲不振、生长停滞，还会出现神经功能退化以及过度兴奋症状，发生痉挛和抽搐等。在母猪缺乏维生素A时，性周期不正常，卵细胞形成减少并缺乏生命力，即使受胎也很容易引起流产和死胎，畸形仔猪。在公猪缺乏维生素A时，精液品质下降。具体来看，维生素A是促进、保护胚胎最有效的激素调节手段。多项试验结果表明，在仔猪断奶和母猪配种的当天及配种后的第7天，给每头母猪肌内注射维生素A 5万IU后，可提高经产母猪产仔数和成活率。但目前我国饲料中不太可能添加这么高剂量的维生素A。在这种条件下，可考虑额外添加胡萝卜素和维生素A来促进母猪的卵泡发育，促进胚胎发育。

5. 维生素D

维生素D和钙、磷的吸收利用有密切关系，只有在维生素D的参与下，钙和磷才能被充分吸收和利用。维生素D的稳定性容易受湿度、光和微量元素的影响。长期缺乏维生素D可阻碍钙、磷的吸收和代谢，引起骨质钙化不全，使仔猪患佝偻病，使成年猪发生骨骼无机盐溶解而患软骨症。妊娠母猪严重缺乏维生素D时，不仅生下的仔猪体质衰弱和容易发生佝偻病，而且会生下畸形的仔猪。

6. 饲料用多维

多维是指多种维生素，是维生素A、B族维生素、维生素C、维生素D、维生素E、维生素K等足以满足猪机体需要的种类。许多养殖户单纯认为只有一个多维就能满足猪的营养需求，这个认知是极其错误的。

对于多维用法，一般主要有3种情况。一是猪出现维生素和微量元素缺乏症状时，需要用多维为猪补充充足的营养成分。例如猪吃土、舔墙、咬铁栅、喝污水等，就需要补充多维。二是猪生病时，猪为了抵抗疾病，恢复体力，也需要多维的营养补充。三是母猪怀孕阶段，使用多维能为母猪和子宫内的胎儿提供更好的营养保护。

母猪的生产力我们最关心的是产仔数和产仔质量。应用维生素可以提高母猪的生产水平，比如，高产母猪1次可排20～30个卵泡，维生素A、维生素D_3、维生素E、烟酰胺、维生素B_{12}等可以促进卵泡的发育，健康、优良的卵泡越多，受精的可能性就会越大；维生素也可提高精液质量，提高受精率；维生素还会影响卵泡在子宫产床的数量和位置，进而影响胚胎存活率和仔猪出生的体重；此外，维生素还会影响母猪的泌乳量，缺乏会导致断奶仔猪数量减少等。

（三）维生素添加剂的有效含量与效价不同

市场上维生素制剂有单体维生素和多种维生素预混剂，应用时要根据生产中的实际情况，确定适合应用何种制剂。

小型生产单位和配合饲料中通常使用复合维生素预混剂，如果对畜产品质量要求更高，也常使用单体维生素制剂。在使用单体维生素制剂时，首先要弄清维生素在产品中的影响有效含量与效价；然后计算出维生素产品的用量，准确称取原料，用适量的载体和稀释剂预混后，再加入配合饲料中应用。在单体维生素加入饮水中使用时，饮水中维生素的浓度要根据动物对维生素的需要量、维生素含量和动物的饮水量进行准确计算。

目前，市售商品维生素多数不是纯品和10%效价的维生素，如维生素E含量多数为50%，氯化胆碱为50%，生物素为2%，D-泛酸钙的活性只有50%，叶酸为4%等。因此，在选购和使用维生素添加剂时，一定要重视维生素的有效含量和效价并进行合理折算。

维生素添加剂产品多数稳定性不高，在饲料加工和贮存过程中易受外界各种因素的影响，造成损失和降低效价。同时，同一种类的维生素的不同形式，其稳定性也不相同，如维生素A棕榈酸酯比维生素A稳定，硝酸硫胺素比盐酸硫胺素稳定等。

为了保证动物能摄食到足够量的维生素，在实际生产中一般都应适当超量添加维生素添加剂，也应在添加保险系数范围之内。由于不同的维生素保险系数不一致，超量添加的比例如下：维生素B_2为5%～10%；维生素B_6为10%～15%；维生素B_{11}为15%；维生素B_{12}为10%～15%；叶酸为10%～20%；泛酸为5%～10%；烟酸为5%～10%；维生素C为10%～15%；维生素A为50%～100%；维生素D为56%～60%；维生素E为30%；维生素K为2～5倍。

（四）维生素添加剂的使用方法

（1）在配制饲料时，将其主要饲料原料中的维生素含量作为安全量，而对饲养标准规定的维生素需要量，则以维生素添加剂的形式补充。确定供给量时应区分饲养标准中的需要量和实际供给量之间的差别，需要量一般是指在正常情况下能保持动物健康及生产性能发挥的最低需求量。

（2）而供给量则除考虑上述原因外，尚要考虑动物在不同生理状态下对维生素的利用能力及影响维生素利用的某些因素在内的总需要量。在实际应用中，要根据动物不同的生理状况和生产性能，包括安全系数在内的供给量来添加维生素。维生素添加剂不易直接加入配合饲料中，由于维生素添加剂在配合饲料中占的比例很小，不可能在饲料中一次搅拌均匀，所以要先将维生素添加剂用少量脱脂玉米淀粉等载体预混，然后再逐级扩大降低浓度，与其他添加剂进行预混合添加于饲料中充分混匀。若维生素添加剂的均匀性差，会直接影响饲喂效果，达不到使用的目的，而且造成浪费甚至发生危害。特别是维生素添加剂与胆碱、微量元素及酸碱性添加剂预混合时，更要做好稀释工作，才能保证有较好的混合均匀度。

（五）注意维生素添加剂之间的相互作用

在生产预混料时，要重视饲料原料（包括载体）的搭配，尤其是生产高浓度预混料时，应根据各种维生素的理化特性、稳定性和其他成分的特性，科学合理的搭配，注意配伍禁忌，防止各饲料成分之间相互拮抗。

总之，大部分维生素添加剂对微量元素矿物质不稳定，如抗球虫药物与维生素 B_1；有机酸防腐剂与多种维生素等均可发生相互作用，出现破坏失效等理化反应；维生素 E 代谢产物具有拮抗维生素 K 的作用；铁制剂可与维生素 E 结合使之失效，二者不能联合使用；维生素 C 可还原破坏维生素 K，不能混合使用；体内烟酸过量可致维生素 B_1、维生素 B_2 缺乏，且维生素 B_1 又能使叶酸破坏失效；叶酸与维生素 B_{12} 联合应用可治疗贫血，有互补效应；维生素 B_1 与维生素 B_3 联合使用可有效地增强止痛作用；由于维生素 C 和胆碱有极强的吸湿性，当与微量元素铁、铜、锰共存时，更会大大地影响其他维生素的生理效价。维生素 C 能使泛酸钙脱氨失去活性；氯化胆碱对维生素 A、胡萝卜素、维生素 D、维生素 B_1 及泛酸钙等有破坏作用，因此维生素 C 和胆碱都不与别的维生素及微量元素一起预混，而是在使用时单独添加。如果选用多种维生素制剂，应注意在应用时，可根据饲养标准独立添加适量的氯化胆碱和维生素 C。有效含量为 50% 的氯化胆碱产品在配合饲料中的添加量为 0.1% ～ 0.2%，维生素 C 添加量，猪日粮为 0.2 ～ 0.5g。

（六）维生素添加剂的保存

维生素对光、热、空气、酸碱度和潮湿等外界因素较为敏感，容易使其成分的活性失效，贮存时间越长，活性损失越大。维生素 C、维生素 K、维生素 E、维生素 A 等容易被氧化，在贮存过程中也容易失效。因此，维生素添加剂应贮存于低温、密闭、通风、干燥的环境中，避免直接的日光照射，以保证维生素的质量。启封后要尽快使用，保存期不宜超过 1 个月，最长不能超过 3 个月和较高的效价。

维生素是维持动物正常生理机能必不可少的有机化合物，多数是辅酶的组成成分，这些酶参与糖、脂肪和蛋白质代谢，维生素缺乏会影响辅酶的合成，导致代谢紊乱，动物出现各种病症，因此维生素的作用是不可忽视的，尤其是猪用维生素，更是要注意正确的使用方法。

六、药物等功能性饲料添加剂的合理应用

（一）复合酶添加剂

仔猪的肠道较为敏感，消化机能还未发育健全，淀粉酶、蛋白酶、脂肪酶分泌量不足，为了降低猪群肠道内食物的黏度，改善营养物质的消化与利用，常会在猪群的日粮中添加淀粉酶、蛋白酶等，不但能够补充体内内源酶的不足，而且还能激活内源酶的分泌，有利于猪群对淀粉和蛋白质的消化分解和吸收利用。

（二）中草药添加剂

中草药添加剂能够促进猪的食欲，增加采食量，提高消化吸收能力，促进猪群的生长发育，能在一定程度上改善猪群的生长性能，有些中草药与公猪激素的合成和分泌密切相关，可以改善公猪的繁殖能力，提高公猪的配种能力；能够诱导母猪发情，增加泌乳量，提高产仔数。

（三）糖类添加剂

糖类添加剂包括红糖、白糖、蔗糖等，糖不仅可以防治猪群的某些疾病，而且还可以作为猪群的保健和营养性添加剂，毕竟猪群很喜欢甜食。而且为了提高仔猪成活率，可以对新生仔猪喂服5%的葡萄糖，预防因仔猪先天性营养不良而产生的低血糖病，提高仔猪成活率，而且补充糖，可促进仔猪的健康成长。

（四）营养性添加剂

营养性添加剂就是指那些富含矿物质、氨基酸、维生素等其他生猪所需的营养元素。之所以用添加剂，就是因为在平时喂猪的饲料中，没有或者缺乏生猪生长所需的营养物质，这时把营养添加剂放在饲料中，就构成了一个既全面又科学、健康的猪饲料。生猪食用这样的饲料，自然能够健康、稳定地生长。

1. 海带粉

海带含有丰富的碘化物和矿物质、维生素以及刺激动物生长的活性成分。在猪的饲料中添加2%的海带粉，日增重可提高23%，饲料转化率提高13%。

2. 常青素

常青素内含有植物抗生素、植物生长素、蛋白质、维生素等 40 多种成分，在每百千克饲料中加入 3 ～ 5g 常青素，日增重可提高 20%～ 30%。

3. 硫酸铜

在猪饲料中添加 0.25%的硫酸铜，可使猪日增重提高 16%，饲料利用率提高 5%，饲养成本下降 4%左右。

4. 膨润土

膨润土俗称“白黏土”，除含大量硅、铝化合物外，还含有铜、钾、磷、镁、钙、钛、铁、锌等 20 余种猪所需要的矿物元素。这些元素是酶、激素及生物活性物质的组成部分，能使酶、激素的活性或免疫性能发生明显变化。一是膨润土有很好的适口性和吸附作用，可延缓饲料通过消化道的速度，从而使猪能有效地利用养分，提高营养消化率；二是膨润土还有许多特殊的理化性能，可以吸附猪体内的有害物质，抑制胃肠中病菌的生长，提高抵抗能力，促进生长发育；三是代替粮食作为各种微量元素的载体，防止钙磷比例失调，参与机体新陈代谢和免疫反应，提高猪的成活率。膨润土一般在猪日粮中添加 2% ～ 4% 效果很好。

5. 蚯蚓粉

每头小猪每天添加 10 ～ 20g，大猪 30 ～ 50g，每天只喂 1 次，猪日增重可提高 10%～ 15%。

6. 橘皮粉

橘皮粉有多种营养成分，可增进动物食欲，促快速生长及增强抗病能力。在猪饲料中添加 5%橘皮粉，日增重可提高 12%，每增重 1kg 少耗饲料 0.28kg，饲料报酬提高 10.5%。

7. 硫酸锌

每头小猪每天添加 10 ～ 20mg，大猪 30 ～ 50mg，可使猪生长加快、食欲旺盛、皮毛光滑、发病死亡少。

8. 麦饭石

是一种具有生物活性的天然保健药石，是由花岗岩石风化形成的一种具有特定结构和微量元素组合的岩石。一是所含金属元素极易溶于稀酸中，它通过猪肠胃时，可释放出所含的元素，直接被猪利用，尤其是所含的微量元素镍、钛、硒等是猪体内酶的激活物质，可提高酶的活性和对饲料营养物质的利用率。二是麦饭石具有良好的吸附性和离子交换性，在猪消化道内可选择性地吸附细菌，起到防病作用。麦饭石在猪日粮中添加量 1% ～ 3% 为宜，日增重和净肉重也有所提高。

9. 蚕沙

在猪饲料中添加5%～10%的蚕沙，日增重可提高10%～15%，饲料转化率提高15%～20%，而且猪长势好，毛色光亮，还可减少猪病的发生。

10. 松针粉

松针含有19种氨基酸及丰富的胡萝卜素、维生素、微量元素以及抗微生物的松针抗生素等。在猪饲料中添加5%的松针粉，日增重可提高18%～30%，育肥期缩短30～60d。

11. 煤灰渣

煤灰渣不仅含有铜、铁、镁、磷、钾、锌、锰等多种猪所需要的矿物元素，还含有一种新型的猪生长调节剂——腐殖酸。用它喂猪能直接加强各种酶的生命活力，促进新陈代谢，增加其体内有机质的积累。在猪的日粮中添加3%～5%煤灰渣，能调节猪体内的盐和碱，提高生长率，减少疾病，并有效地预防猪拉稀、便秘、气喘病等，显著降低死亡率。

12. 沸石

沸石是一种含水硅酸盐矿物，含有猪生长发育所必需的全部常量元素和大部分微量元素。在猪的饲料中添加1%沸石粉，猪平均增重可提高10%。

（五）其他功能性添加剂

1. 益生菌

在动物肠道内形成优势菌群并大量繁殖（枯草芽孢杆菌、酵母菌等），可抑制有害菌的增殖。益生菌可通过激发细胞和体液免疫，提高仔猪的抗病力。酵母细胞中含有的酵母细胞壁多糖可减少动物肠道致病菌，加强猪对大肠杆菌、沙门氏菌等感染的免疫应答。酵母细胞壁多糖可刺激肝脏分泌蛋白质和补体来提高免疫系统的功能。

2. 黄芪多糖

可提高仔猪的免疫力，提升体内抗体水平，预防仔猪下痢。

3. 大豆异黄酮

母猪饲料中添加大豆异黄酮，可提高仔猪的免疫力和成活率。

4. 中链脂肪酸

中链脂肪酸指的是碳原子数在6～12个的脂肪酸，主要包括C6:0、C8:0、C10:0和C12:0（月桂酸）。中链脂肪酸本身具有抗菌、抗病毒活性，当中链脂肪酸以单甘酯形式存在时，其活性增强20倍左右。其作用机理是：单甘酯是以表面活性剂的方式作用于膜，而游离脂肪酸是以酸的方式发挥作用，二者作用机理完全不同。

月桂酸单甘酯有确切的抗病毒效果，但要注意其适用范围。月桂酸单甘酯发挥抗病毒作用，需要与病毒接触。月桂酸单甘酯可以阻断病毒经消化道传播，但是，病毒的传播途径有很多，月桂酸单甘酯可以提高感染阈值、降低感染概率。

病毒的混合感染临床症状表现更加剧烈。在临床中，猪蓝耳病和非洲猪瘟的混合感染很常见，猪蓝耳病导致免疫抑制，会提高非洲猪瘟病毒的烈性程度。月桂酸单甘酯具有广谱抗病毒功能，长期使用，会降低猪只的病毒感染率，避免混合感染问题。大数据表明，长期添加月桂酸单甘酯的猪场，可以降低药费，没有基础病，非洲猪瘟防控也就相对容易一些。肠道不仅是动物的消化吸收器官，也是动物体内最大的一个免疫器官。肠道功能的发挥要依赖肠黏膜，肠黏膜有四大屏障功能，包括免疫屏障、生物屏障、化学屏障和机械屏障。健康的肠黏膜是动物健康的基础。有趣的是，肠黏膜的能量利用方式非常特殊，肠黏膜几乎不利用葡萄糖。在小肠段，肠黏膜主要是依赖氨基酸供能，到了后肠段，主要依赖以丁酸为主的短链脂肪酸。通常，丁酸为结肠黏膜提供了 70% 左右的能量。当肠黏膜能量缺乏时，就会发生肠黏膜萎缩变薄的现象，进而影响到肠黏膜的一系列屏障功能，动物也就变得更加易感。肠道内源性丁酸来源于膳食纤维的肠道发酵，目前玉米豆粕型日粮纤维不足，而且动物的肠道菌群也经常失衡，从而导致动物大概率缺乏丁酸。在实践中，给动物补充丁酸也收到了确切的提升健康度的效果。不难理解，猪只拥有了健康的肠黏膜，对非洲猪瘟病毒的感染阈值也可提高。

长链脂肪酸是指碳原子数大于 16 的脂肪酸。在长链脂肪酸系列中，研究最多的是 ω–6 系列多不饱和脂肪酸和 ω–3 系列多不饱和脂肪酸，这两类均为必需脂肪酸。它们与猪群的生长、繁殖性能、免疫功能、皮肤、毛色、肾脏、肝脏、神经和视觉等方面密切相关。

5. 植物精油

能够提高猪的生产性能。在猪生产中，植物精油平均提高增重 10%，平均提高饲料转换率 3%。此外，植物精油与有机酸复合使用具有协同效应。饲喂一定浓度的苯甲酸与百里香酚，能提高仔猪日增重，降低料肉比，明显改善腹泻情况。植物精油在体内、体外均具有抗细菌、真菌、病毒的功能。体内研究表明，精油能抑制产气荚膜梭菌、大肠杆菌和艾美球虫，抑制这些病原菌在肠道的定植，有利于有益菌群繁殖代谢，从而保护肠道完整性，提高肠道免疫，精油抗氧化成分可进入机体循环系统，并且在肉中分散和保持，使肉类得到更好的氧化稳定性。除了能阻止脂肪氧化外，精油还能改善各组织器官的氧化还原平衡能力，减轻生理压力造成的氧化损伤。

第二节　如何选择饲料

一、饲料选择依据

（1）从市场反馈情况来看某种预混料是否有口皆碑、是否稳定、上市时间有多长。

（2）从饲料厂家的实力以及售后服务、饲料搅拌机情况来看所选择的饲料，一般实力较强的厂家生产的饲料稳定，售后服务好的厂家生产的饲料有一定的保障。

（3）在市场竞争激烈的情况下，价格最便宜的饲料不一定质量最好。一般好的饲料包装相对较好，印字清晰，标签有证有号，有详细的出厂日期、生产批次、使用说明等。

（4）闻闻饲料有没有其他气味，如发霉气味、油脂哈喇味、酒糟味、氨气味（尿素等非蛋白氮形成的）及其他异味。好的产品能闻到其特有的香味；优质产品（配合饲料居多）香甜可口，不辣喉咙，不苦，无异味；好的饲料适口性好，有时甚至不需要过渡，换料后直接采食，否则，大多数不采食，甚至拒食，但有病除外；观察大便，优质饲料进食后排便不拉稀，成条状，色泽暗黄稍黑，表面有光泽，落地呈塔状；好的饲料饲喂半月后长势明显，或与其他饲料对比日增重胜出。

二、选择饲料时应避免的几个错误认识

（1）鱼腥味浓不等于饲料中鱼粉加得多，有些养猪户往往以饲料中鱼腥味大小来评定饲料中鱼粉含量多少和浓缩料质量好坏，这样的看法是不对的。当前市场有一种称为鱼腥香的添加剂，加到饲料中就显得鱼腥味很浓，影响养殖户的判断。

（2）粪便颜色并不能代表饲料质量好坏，评定饲料质量好坏，要看饲料转化率的高低，粪便颜色正常情况下是由采食饲料所组成的成分和猪的消化吸收能力所决定的。有些饲料厂家为了迎合养猪户的心理，在饲料中添加了特殊物质，如腐植酸和160mg/kg以上的铜，提高了饲料成本，增加了养猪户的负担，

而没有明显的促生长作用。

（3）猪的皮肤颜色代表不了饲料的好坏，猪的皮肤发红，饲料就好。猪的皮肤颜色和毛管的亮度，是由饲料中的营养成分含量多少来决定的。有些饲料厂家在饲料中增加硒、铜的含量，但猪肉中残留大量的硒和铜，对人体是有严重危害的。

（4）猪咬尾不等于饲料中营养不全，猪如果长期得不到必需的营养物质，会出现异食癖。如食盐、蛋白质、某些维生素和微量元素。但是一般正规生产饲料的厂家，这些物质都不会严重不足，不会出现异食的现象。

三、全价饲料、浓缩饲料及预混合饲料的优缺点

（一）预混料

预混料是一种经过科学配方与加工、混合的复合型饲料。它是由前处理原料、各种营养成分、添加剂和混合剂按预定比例，通过干法或湿法混合加工而成。预混料可以直接与仔猪等育成期动物的日粮混合喂养，具有营养均衡、易于消化吸收、节约饲料成本和提高生产效率等优点。预混料等于维生素＋矿物质＋载体，在使用时需要额外加豆粕、玉米，甚至是麸皮，优势是预混料配制成本低、原料可控，因为额外加的玉米和豆粕都是养猪人自己选择的，质量有保障，并且加一些保健或者治疗药物时更方便。

预混料＝维生素＋矿物质＋载体；需另添加能量饲料和蛋白饲料。

1. 优势

①预混料的成本低；②原料可控，玉米、豆粕等新鲜；③保健、治疗等加药方便。

2. 劣势

①劳动量大，造成劳动成本增加；②需要库存原料，加大资金投入，降低资金利用率。

（二）浓缩料

浓缩料是预混料加了蛋白质饲料，也就是预混料加了豆粕，这就是浓缩料，它是一种经过浓缩处理的饲料，由动植物蛋白、淀粉类、脂肪、维生素、矿物质等营养成分组成。浓缩料的特点是体积小、营养丰富，能够通过轻微的加工和调制，满足不同动物的不同需求。浓缩料是饲料行业中广泛使用的一种饲料，具有饲料来源广泛、生产简单、运输成本低等优点。在养猪时，购买浓缩料，额外再加玉米和麸皮即可，优点是豆粕价格高时，选择浓缩料更省钱，

比较适合家里有玉米的养猪人，使用玉米直接拌浓缩料饲喂。

浓缩料＝预混料＋蛋白饲料；需另添加能量饲料。

1. 优势

①豆粕价格高时可以适当降低成本；②备料时可以不买豆粕，减少劳动量。

2. 劣势

①成本和预混料相比要高 0.2 ～ 0.4 元 /kg；②因为添加的豆粕不够，蛋白质含量偏低，适用于喂养土杂猪。

（三）全价料

全价料是指由多种原料经过按比例混合、加工制成的一种完整日粮。全价料由玉米等能量饲料与多种浓缩饲料配制而成，具有营养均衡、稳定性高和添加物少等优点，常用于生产青年牛、生长猪等育肥期动物的日粮。全价料实际上就是预混料加上豆粕和玉米，或者浓缩料加上玉米，这就变成了全价料，经过粉碎、混合、制粒等工艺加工而成的，优点是直接饲喂即可，而且猪的采食量大，浪费率比粉料小；同时，由于水分比较低，也便于储存。缺点是成本较高，全价料和预混料相比，每千克配好的成本高出 0.4 ～ 0.8 元；与浓缩料相比，每千克配好的成本高出 0.2 ～ 0.4 元，而且全价料的成分不可控，因为看不到饲料的组成，所以要选择靠谱的大企业。

全价料＝预混料＋蛋白饲料＋能量饲料；经粉碎、混合、制粒等过程加工而成。

1. 优势

①饲喂方便；②水分较低，便于储存；③浪费较粉料要小。

2. 劣势

①成本过高，与预混料相比，要贵 0.4 ～ 0.8 元 /kg；②成分不可控，因为看不到饲料的组成成分；③经 70 ～ 90℃制粒，会破坏维生素（50% 左右），酸、酶制剂活性减少 80% 左右，木聚糖酶减少 90%。

猪预混料、浓缩料及全价饲料的选择，要根据猪群的生长阶段及实际情况而定。想要提高养猪经济效益，就要实行合理化的饲养管理，尽可能地降低养殖成本，做好防疫管理。

此外，在养猪户自行配料时，一般是在猪舍旁的料仓进行，因此设备简陋及卫生条件差，场地及设备干湿料槽都比较少清洁消毒，水分难以检测和控制，加上基本不添加防霉剂，就容易引起变质，从而影响粉料质量，而全价料在保质方面要比粉料稳定一些。同时全价料经过高温熟化，其中的细菌都被杀死，对疾病方面的控制要比粉料好，而粉料粉尘比较大，比较容易引起猪的呼吸道病，没有经过熟化杀菌，又容易引起肠道病，以及吸收利用率也要比粉料高。

全价料含有更多的纤维、蛋白质和微量元素，价格也比较高。而猪浓缩料则是通过营养成分混合制成，其价格相对便宜。要实现低成本饲养猪的目标，可考虑使用适当比例的猪浓缩料来替代部分或全部的全价料。这不仅能够减少费用支出，还能够保证动物得到足够丰富、均衡的营养。

低成本饲养需要从各个方面入手，并注重节约每一笔开支。只有坚持“精打细算”的理念，在不影响生产效率和产品品质前提下降低成本支出，才能为农业生产和经济发展创造更多的机会。在选择预混料时，要努力寻找替代性原料降低饲养成本。当前全球传统的谷物和蛋白原料成本不断上升，采用替代性原料可有效降低饲料成本、提高饲料质量，是养殖户较为普遍的做法。

四、预混饲料分类

预混料是全价配合饲料的一种重要组分。预混料是由同一类的多种添加剂或不同类的多种添加剂按一定配比制作而成的匀质混合物，由于添加剂的成分在预混料中占的比例很小，大多以 mg/kg 或 g/kg 计算。

猪用的预混料添加剂比例 1% ～ 10%，是由多种维生素、微量元素、常量矿物元素、部分蛋白质饲料非营养性添加剂与载体混合而成。添加剂指添加于配合饲料中的各种微量的营养性和非营养性成分。切不可直接喂猪，否则会造成微量元素或维生素中毒。

1. 营养性添加剂

包括各种维生素、微量元素、氨基酸等，虽然畜禽对这类成分的需要非常微小，但它们却是畜禽生长发育和正常生产所必不可少的。由于动物体内不能合成或合成量不足，这类物质就必须由饲料供给。

2. 非营养性添加剂

包括抗生素、药物、抗氧化剂、防霉剂等，这类成分有助于防病抗病，促进生长，防止饲料氧化、结块、霉变等。

由于饲料添加剂种类繁多，性质各异，并且需要量极其微小，添加量从每吨数毫克至数克，这就带来了在直接使用中搅拌和均匀分散的问题。预混合饲料是由多种饲料添加剂与载体或稀释剂按一定比例配制的均匀混合物，配制预混料具有下列优点。

（1）通过载体及稀释剂“载带”及逐级稀释的方法以保证微量成分均匀地混合于饲料中。

（2）保证配料精度。

（3）使用方便，提高配料速度。

（4）通过载体、稀释剂、抗氧化剂、防结块剂等解决和改进微量成分的不理想性态，如不稳定、静电荷及吸潮性，同时也改进了各类添加剂之间的不和谐问题。

（5）由于微量元素与某些维生素接触后会促进其失效，有些微量元素之间混合后效价也会降低，甚至失活，因此，复合预混料生产的技术性要求很强，它的特点是具备了要求的几乎所有活性成分，具有综合的添加效果，方便应用，通用性强。

五、全价饲料与自配料合理搭配应用

中国是养猪最多的国家，养猪行业通过几十年的发展，已经发生了翻天覆地的变化，由以前千家万户散养，演变成专业化养殖，再到今天向一定规模猪场转变。同样，饲料行业也历经多次重大转型升级，由粉料向颗粒料转变，由自己配料向全价料转变。显然，全价料已然成为行业发展的主流，越来越多的猪场弃配料转用全价料。但如今还有相当一部分猪场仍然在用配料，在应用中应结合价格和质量不同阶段做不同选择。

全价格和自配料主要差异

1. 原料质量比较，自配料无法检测，质量无从保障

（1）由于没有规模采购优势和专业的检测设备，自配料采购的玉米、豆粕、鱼粉等主要原料只能从包装和肉眼观察识别，但这些原料，特别是玉米中的霉菌毒素、水分、杂质等，不通过专业的检测设备根本无法识别，某种程度上只能是听天由命，凭运气，质量无从保证。自配料，原料都是自己购买，外观看不错，但部分无良的生产商、经销商正是因为知道养殖场自己无法做到检测，于是他们出售各种掺假的原料，这会导致自配料质量无法保证。

（2）而全价料不同，特别是生产全价料的大企业，拥有规模化、集团化采购优势，专业的采购团队和平台，以及专业的检测设备和专业人员，每一批原料都经过严格的检测方能进厂，质量有保障。好饲料源于好原料，毒素低又安全的东北优质玉米，智利、秘鲁进口鱼粉，大公司采购的二次去皮豆粕，集团专业化、规模化的采购优势为产品质量保驾护航，奠定了其产品优势。

2. 自配料工艺简单

自配料生产工艺非常简单，只是简单的粉碎和混合程序，而且在配方和混合程序方面更多地凭借经验或老旧配方。实际上先添加哪些饲料原料，再添加哪些，均匀度达到哪个标准，国家都是有严格规定的。而广大养殖户对于这方面的知识多是一知半解。目前他们使用的多是立式螺带混合机，这种机器根本不适合搅拌，而且很少配备粉碎机和搅拌机，原料的细度和混合均匀度都不如饲料厂，也无法保证混合的均匀程度，导致营养不均衡，营养成分消化利用率低，猪采食后出现整齐度较差现象。自配饲料具有一个与生俱来的不足就是设备比较简单，不具备饲料厂那样优越的生产条件，因此在饲料的加工方面存在一些不足。

其次，自配饲料没有制粒工艺，更没有蒸汽调质系统，生产出来的饲料没有经过调质、熟化等工艺，原料中一些微生物没有灭活，投喂后影响畜禽健康，降低饲料使用效果。

3. 饲料成本对比

自配料看似便宜，但质量控制不好同样会影响生产效果，养殖户选择自配料的初衷是降低养殖成本。希望在行情高涨或低迷时能多赚点或少赔点。但有些自配料用户只计算表面的成本，其实加上水分（自配料要高 2% 以上）、2% 的杂质，还有劳动成本，以及使用劣质原料，造成生长速度、猪成活率等养殖效益的降低，自己配料需要人工去采购原料、寻求配方、搅拌饲料，既增加养殖成本，又增加人工成本，应用效果不稳定。而使用全价料，猪场不需再加工，可直接饲喂，人更轻松，养猪效益也更高。

4. 要注意混合的均匀度

目前，农村大部分养殖户在配制饲料时都是采用人工搅拌。人工搅拌，均匀度达不到要求，严重影响了预混料的使用效果。饲喂的饲料混合均匀度变异系数通常不得大于 10%。为了使各种预混料等添加量少的原料能够与豆粕、菜粕等大宗原料混合均匀，最好采用逐级稀释的混合办法，即首先将预混料等添加到少量大宗原料中进行混合，如此反复，逐步进行稀释，直到混合均匀。

5. 自配料存放管理要科学

自配的饲料应遵循随配随用的原则，因为混合后的饲料不易长期保存，一次不要配得过多。一般情况下 3 ～ 5d 配 1 次，时间过长会使某些营养物质损失；存放时要设立专门库房，室内通风透光干燥，切忌潮湿，防止发霉变质，降低饲料的消化率；并要防污染，存放地点和包装饲料用具一定要干净、无毒，切忌老鼠乱拉乱咬或与农药、化肥等存放在一起。

六、不同生长阶段饲料原料的合理搭配

（一）乳猪饲料

（1）教槽料是仔猪出生后 7 ～ 10d 开始调教诱食至断奶后 7 ～ 10d，这一期间补充饲喂的饲料，其目的是补充泌乳养分的不足，有利于刺激仔猪消化酶的合成。若一定量补饲，可提高哺乳仔猪淀粉酶和胰蛋白酶的活性。

（2）哺乳期充分补饲，仔猪对饲料中某些抗原物质可产生免疫耐受力，并保护消化道壁的完整性，以便断奶时消化道快速适应固体日粮的采食。因此，哺乳仔猪料应是营养全面的配合饲料，最好制成经膨化处理的颗粒饲料，保证松脆、香甜等良好的适口性。

（3）原料组分的选择既要与消化系统的能力相适应，也要为断奶后平稳过渡做好准备。饲料应含有与母乳类似的原料，如奶粉、乳清粉等，添加糖和油脂，同时含有一定比例的植物蛋白，有助于断奶后的平稳过渡，所选原料应品质上乘，消化率高。

（4）主要考虑的是能量和蛋白质水平，消化能浓度范围一般在 13.8 ～ 15MJ/kg，蛋白质含量在 20% ～ 25%，粗纤维含量不超过 4%，同时，还应考虑日粮中的限制性氨基酸（如赖氨酸等）和钙磷等矿物质的含量。另外，还要注意在饲料中添加柠檬酸、乳酸、甲酸、延胡索酸等有机酸来提高消化道的酸度和消化率。

（二）仔猪饲料

（1）仔猪断奶后因受环境、营养和免疫不成熟性等多种应激，常导致仔猪食欲降低、腹泻。增重减缓甚至减重、生长受阻等。因此断奶仔猪的饲养目标是减少腹泻，提高成活率和日增重。在整个仔猪保育期间，控制仔猪腹泻是饲养的关键，在原料选择上，可利用的能量饲料有乳糖、脂肪、蔗糖、谷物等，特别是在早期断奶料中，乳糖的添加必不可少，它不仅能促进食欲，而且是仔猪最好的能量来源。乳清粉中含乳糖 60% 以上，是乳糖的良好来源。泌乳干物质中含 30% ～ 40% 的脂肪，故断奶仔猪中使用脂肪还是必要的，其中豆油和椰子油是仔猪较好的脂肪来源。

（2）谷物类最好熟化处理，特别是对 21 日龄之前断奶的仔猪尤为重要，谷物熟化之后，消化和吸收率提高，可减少腹泻。随日龄增加，仔猪对淀粉的消化率提高，采用普通谷物即可。

（3）蛋白源的选择，可选用易消化的动植物蛋白，如奶粉、乳清粉、血浆

蛋白粉、鱼粉、豆粕、大豆浓缩蛋白等，大豆蛋白中的某些抗原物质（如大豆球蛋白 β 聚合球蛋白）会引起早期断奶仔猪短暂过敏反应，尽管高水平豆粕有害，但断奶第一阶段料中必须含有一定量的豆粕，使仔猪产生适应性，否则以后仍会发生过敏反应。

（4）根据仔猪的生长发育特点，采用阶段饲喂法，即把断奶仔猪分为断奶到 7kg、7 ~ 11.5kg、11.5 ~ 23kg 3 个阶段，分别饲喂不同阶段的饲料。第一阶段喂高浓度养分饲料，以乳制蛋白为基础，添加维生素、微量元素，日粮含高浓度的蛋白质和赖氨酸。第二阶段以玉米豆粕日粮为基础，加 10% 乳清粉，日粮含粗蛋白质 18% ~ 20%，赖氨酸 1.25%，第三阶段用简单日粮，以谷物 – 豆饼为基础，含赖氨酸 1.1%。

（三）生长育肥猪饲料

（1）生长育肥猪也称肉猪，该阶段占养猪饲料总消耗的 70% 左右。因此，该阶段猪的生产性能和饲料成本直接关系到猪场效益的高低，而且潜力巨大。

（2）生长育肥猪的能量饲料以玉米为主，蛋白质饲料以豆粕为主，要立足本地丰富的饲料原料进行合理搭配，做到既降低饲料成本，又保证肉猪一定的增重速度和胴体品质。

（3）注意饲料中添加补充铁、铜、硒等矿物质，能量供给水平与增重和胴体品质有密切关系，体重 50kg 之前，蛋白质沉积速率随能量增加而线性增加，充分表现其生长潜力的日粮浓度为 14 ~ 15MJ/kg。一般来说，在日粮中蛋白质必需氨基酸水平相同的情况下，肉猪摄取能量越多，日增重越快，饲料利用率越高，背膘越厚，胴体脂肪含量越多，但日增重达到一定程度，再增加能量的摄入量也不能使蛋白质和瘦肉率的沉积继续增加，饲料转化率进而开始降低，对于不同品种、不同类型和不同性别的肉猪，其能量的最佳摄入水平也不同。

（4）生长期日粮中的蛋白质和赖氨酸主要用于瘦肉组织的生长，因此日粮中充足的蛋白质和赖氨酸供应对猪遗传潜力的发挥起主导作用。不同遗传类型的猪生长速度和胴体差异很大，采食量也存在较大差异，因此对日粮中的氨基酸水平要求不同。沉积瘦肉较快的猪显然需要较高的蛋白质和氨基酸水平。在日粮消化能和氨基酸都满足的情况下，日粮蛋白质水平在 9% ~ 18% 的范围内，随着蛋白质水平的提高，猪的日增重和饲料转化率均提高，但超过 18% 时，日增重不再提高。反而有的会出现下降的趋势，但瘦肉率提高。一般来讲，体重 20 ~ 60kg 时，瘦肉型猪的粗蛋白质水平为 16% ~ 17%，体重

60～100kg时，为14%或16%；在提供合理的蛋白质营养时，要注意各种氨基酸的给量和配比，尤其要注意日粮中赖氨酸占粗蛋白质的比例，通过确定赖氨酸的需要量，然后选择合适的理想的蛋白质模式。

（5）在日粮消化能和粗蛋白质水平正常情况下，体重20～35kg阶段，粗纤维含量为5%～6%；35～100kg阶段，为7%～8%，不能超过9%。日粮中应含有足够数量的矿物质元素和维生素，特别是矿物质中某些微量元素的不足和过量，会导致肉猪代谢紊乱，增重速度缓慢，饲料消耗增多，重者能引发疾病或死亡。

（6）育肥猪饲喂方法。

①生料湿喂法。

适用于断奶1～2周仔猪、生长育肥猪后期及哺乳母猪。在喂猪前，把粉碎的玉米、麦麸和其他饲料，按合适比例搭配好，然后就是把料和水按比例搅拌均匀，最适宜的比例是1∶1，最高不要超过1∶2为好，拌成的饲料，要以手握可成团、放开即散为宜。饲喂前，可提前2～4h浸泡饲料，因为湿料易变质，必须现喂现拌，保持新鲜，这样饲料在未进入猪胃内，就已得到了软化，使猪采食饲料时可口，吃得多，同时唾液、胃液能很好地起到作用，促进消化，吸收利用，使猪生长快，实践证明饲料浸泡软化后，更能提高饲料效率，收益更大。

生料湿喂有很多优点，可以提高猪的采食速度，猪采食湿料的速度明显高于颗粒料和粉料，猪采食快，在料槽旁停留时间就短，从而减少了猪只间的争食，均匀了采食量。避免干饲料对肠壁形态学的破坏，可降低因应激而导致的小肠绒毛萎缩、隐窝变深。湿料不仅适应了仔猪的需要，还为其提供养分的同时提供了水分，发酵后湿喂更有效。省工、省设备，可降低养猪成本；生长育肥猪后期售卖时吃料多、减少粉尘污染及饲料浪费、降低母猪疾病发生率，减少饲料营养的浪费，猪生长发育快，体格健壮，毛色光泽，抗病力强。

生料湿喂法也存在很多缺点，猪表面看起来吃得很饱，其实吃进去的大部分是水，而水分过多，对猪的生理功能不利；吃进胃内的饲料得不到相互摩擦，影响消化及吸收。胃液、唾液被冲淡，不能充分发挥酶的作用，不利于消化，降低了营养利用率。使用过程中需要搅拌均匀，间接增加人力成本。长时间使用容易发酸、霉变、滋生病菌，猪食后影响健康。而且湿料在寒冬易结冰，对具有一定规模的养猪大户难以采用。固定式食槽洗涤困难，费工费时。

②熟料稀喂法。

指把饲料经过煮熟后，再用水兑成粥状喂猪。此法目前在偏僻农村还很普遍，但已经完全不适宜农村发展起来的养猪专业户。

熟料稀喂法优缺点：饲料经过煮熟后粗纤维软化，在一定程度提高了粗饲料的消化率；使饲料体积缩小，间接增加了猪的采食量；有杀灭细菌和寄生虫卵的作用。但也存在很多弊端，大多数的饲料经过煮熟后，营养价值降低，如玉米、大麦、麸皮等饲料营养价值要降低10%左右，尤其是许多维生素会遭到破坏；青饲料经煮熟后，如果处理不当，还会引起亚硝酸盐中毒；蒸煮饲料消耗燃料，污染环境，不利于猪业发展；煮熟饲料需要空间、锅、炉等设备，增加了养猪成本；煮熟的饲料更易变质，需随煮随喂，费工大，效益低。

③干料干喂法。

干料干喂法是把粉碎的精粗料按比例混合均匀后，放入自动食槽内，让猪自由采食，可每天定时定量加料，另设水管，自由饮水。

干料干喂法优点是省工，饲料不需要调制，只需定时、定量地把配好的混合粉料加在食槽中，平时适当加喂些青饲料，以及及时打扫圈舍卫生；大大降低了劳动强度，提高了工作效率，而且干料更接近猪的营养需要；不易发霉、变质，但料槽死角要定期清理干净；猪自由采食，不受人为影响，可进一步促进猪的生长发育，提高猪的日增重；大规模饲养时也便于机械化送料。而在天气寒冷或阴雨潮湿时，可以多喂干料，相对更有益。其缺点是采食速度变慢，吃相同量的料需时间长；适口性差，猪开始吃进饲料时，要用很多的唾液浸湿饲料，对胃有损伤；干料粉尘大，容易刺激呼吸道，而且容易浪费饲料。

④全价颗粒料。

一般在有些地方都饲喂仔猪阶段及母猪妊娠或哺乳阶段，另外没有三相电或无打料机的养猪场户也有不少使用。其优点饲喂方便、消化吸收好、水分控制好时霉变少、易保存及饲喂后猪只体型好；缺点是夏季水分控制不好或外购回场后储存不当易霉变、配合使用成本高。

七、饲料霉菌毒素控制

当空气的相对湿度达到75%～80%，饲料及原料的水分含量高于15%，饲料及原料放置期间就会产生大量的霉菌毒素。饲料是猪群生长和健康的基础，而生活中霉菌毒素时刻威胁着饲料质量安全，饲料霉变对猪群健康存在严重影响，使猪群生产性能下降，免疫力下降，猪病越来越复杂化，激发混感增多，猪病难以治疗，霉菌毒素对猪病影响逐渐成为猪病防控的聚焦点。

霉菌毒素都能够引起免疫抑制，是当前影响免疫效果的重要因素之一。而猪群亚健康是介于健康和疾病之间的存在状态，在猪群中的表现主要是：机体免疫力下降，生产性能不能够充分发挥，对疾病的抵抗力下降，应激条件下极易引起猪群发病，造成多病原激发或混发感染，发病的猪只治疗效果不明显，严重影响猪场经济效益。引起猪群亚健康的根本原因是猪只机体中毒和非特异性免疫功能的下降，所以霉菌毒素中毒，是猪场亚健康的第一始动因素。

（一）霉菌毒素种类

霉菌毒素种类很多，对我国饲料及原料进行霉菌毒素分析后发现，饲料及原料中普遍存在有 6 种霉菌毒素：黄曲霉毒素、T–2 毒素、呕吐毒素、玉米赤酶烯酮、赭曲霉毒素和烟曲霉毒素，其中全价饲料霉菌毒素检出率明显高于单一原料，配合饲料及原料霉菌毒素污染率分别达到 100% 和 90%，污染严重的必须禁用。

（二）主要霉菌毒素对猪只的侵害部位及临床特征

由于不同的霉菌产生毒素的种类、对机体侵害部位的不同，产生不同的临床症状。

1. 黄曲霉毒素（AFT）

其中以黄曲霉毒素 B_1 毒性和致癌性最强。属于仓储性霉菌。主要侵害肝脏、循环系统、消化系统，造成损害免疫抑制、肝肾衰竭、恶性腹泻，临床表现为：发育迟缓、腹泻、肝脏肿大、肝出血、硬化、坏死、胆道增生等。黄曲霉毒素还是较强的凝血因子抑制剂。中毒的典型特征是主要器官和肌肉组织出现大量出血性损伤。黄曲霉毒素也是最强的免疫抑制剂之一。

2. 玉米赤霉烯酮（F–2）

它是一种生长在玉米、高粱和小麦上具有雌激素作用的霉菌毒素。临床症状随接触剂量和猪的年龄而不同。饲料中含玉米赤霉烯酮 1 ～ 5mg/kg，可引起小母猪提前发情，外阴部水肿、脱垂和早熟性乳房发育；小公猪包皮增大、性欲降低和睾丸变小；成年母猪黄体滞留、不发情、假妊娠；妊娠母猪饲料中玉米赤霉烯酮超过 30mg/kg 将出现早期胚胎死亡及流产。

它属于镰孢菌毒素类，属于田间霉菌，具有类雌激素作用，接触剂量过大会造成“雌激素综合征”，主要影响生殖器官和免疫抑制，表现雌激素作用，主要侵害生殖系统、泌尿系统、直肠。母猪出现假发情，青年母猪性早熟，外阴红肿；黄体滞留，不发情，假孕，严重时发生直肠、子宫脱出；出生仔猪后腿外翻（八字腿）；保育、育肥猪出现脱肛，慢性腹泻，抵抗力低。猪瘟、口蹄疫免疫抗体检测合格率降低。

3. 呕吐毒素（DON）

主要侵害消化系统和免疫系统。临床主要表现为：拒食饲料或采食量下降。拒食、呕吐、腹泻、皮肤炎症、消化道炎症、运动失调，脱毛。免疫力、抵抗力下降。

4. T–2 毒素

它属于镰孢菌毒素类。主要侵害消化系统、微循环系统。危害：免疫抑制。T–2 毒素对皮肤黏膜有强烈的刺激作用，引起皮炎甚至坏死。T–2 毒素还能够导致消化酶分泌不足，仔猪或育肥猪出现类似消化不良的腹泻。

5. 赭曲霉毒素

它是一种霉菌肾毒素，给猪饲喂含赭曲霉毒素 1mg/kg 的饲料 3 个月，可引起腹泻、厌食和脱水，出现生长迟缓，饲料利用率低，剖检多见肾苍白、坚硬即橡皮肾，主要侵害肾脏和肝脏，可引起免疫器官病变。临床诊断为厌食、腹泻、脱水，还伴有其他症状，如烦渴、尿频、生长迟缓、结膜炎、生长受阻、增重下降、免疫抑制等，有时临床症状不明显，特征性病变是引起肾间质性纤维化——即橡皮肾。

6. 烟曲霉毒素

又称伏马霉素，是由串珠镰孢菌和轮枝镰孢菌所产生的一种水溶性代谢产物，蒸煮不易被破坏，危害是免疫抑制。最典型的病变为胸腹腔积水和肺水肿，黄疸，神经症状。

7. 新月霉毒素群

饲喂含新月霉毒素群的饲料，可引起皮肤直接刺激和坏死、淋巴系统严重损伤、胃肠炎和采食量下降，严重时导致猪拒食、呕吐或心血管衰竭死亡。

8. 麦角毒素

饲喂含麦角毒素的饲料，可在数天或数周内猪只表现精神沉郁，采食减少，全身状况不佳，通常出现后腿跛行，严重者尾巴、耳朵和蹄坏死。

9. 念珠镰孢霉和增生镰孢霉

普遍存在于白玉米和黄玉米中，饲料中含量高于 120mg/kg 时，可引起肺水肿和胸腔积水，发病率高达 50%，病死率 50%～90%。

（三）出现霉菌毒素超标的原因

（1）夏季采收的谷类放置不当易发霉，打出来的猪原料含有大量霉菌，或后期存放不当而致使原料发霉、结团，饲料原料的水分超标，造成了不良的存储条件。

（2）在运输和储存过程中受潮，造成了饲料中容易滋生霉菌的环境。

（3）猪场用陈旧或霉变粮食进行饲料加工，或用未经处理的剩菜、剩饭直接喂猪，或猪圈地面铺的玉米、大麦秸秆，不常更换而发霉，猪卧在上面啃食中毒料槽中残留的发霉料，导致饲料易受污染。

（4）售卖的饲料在长期运输或贮存过程中未防潮、发生霉变，购买后喂猪导致或轻或重、或缓或急中毒。

（四）预防措施

（1）严格按照国家霉菌毒素控制标准挑选饲料及原料。饲料选择适当的保存方法，严格控制饲料原料的水分，并做好基础处理，减少霉菌生长，减少母猪摄入霉菌毒素的机会。

（2）饲料中添加蛋白质、氨基酸、硒、维生素、硒、蛋氨酸有利于肝脏解毒，也可以直接去除饲料中的 AT 毒素。

（3）使用优质脱霉剂。正确看待和选用脱霉剂。在选择脱霉剂时，应选择对母猪无害的产品，以保证脱霉效果的同时不会对母猪造成损害。在实际生产中，添加脱霉剂的饲料，总会有一部分毒素被吸收入血液，对肝脏造成毒害，对于这部分霉菌毒素，可利用提高机体自身功能（如肝脏解毒功能）来清除，在实际生产中取得良好效果。

（五）治疗措施

（1）加强饲料管理。对于各种饲料原料或者饲料，要求严把质量关，禁止使用发生严重霉变的饲料原料或者饲料。例如，在选购玉米时，尽可能挑选杂质少、籽粒饱满、含水量低于 14% 的玉米；对于经过加工的成品原料（如油粉、麸皮、豆粕等），要选择近期生产，且按照“少进勤进、先进先出”的原则，使仓储时间缩短，以确保其在保质期内及早用完。如果猪场条件允许，可对某些原料使用不同种类的网筛进行筛选，如玉米经过筛选，能够在最大程度上清除可能生长大量霉菌的物质，如玉米须、玉米芯碎片、碎粒、干瘪粒等。另外，饲料原料在仓库储存过程中，尽量使仓内温度低于 15℃，相对湿度控制在 70% ～ 75%，从而避免发生霉变。

（2）饲料中加入吸附、脱毒作用的脱霉剂，同时添加胆汁酸。胆汁酸在毒素降解和排出过程中扮演了清理和搬运的角色，对于预防和治疗母猪群霉菌毒素中毒非常有效。通过为母猪添加足量的胆汁酸，可以解决霉菌毒素中毒问题，保证母猪发挥最大的生产潜力，并不断提高养猪户产能。这对于养猪业的健康发展具有积极的意义。

（3）保肝排毒，脱霉剂是不可能100%去除霉菌毒素的，进入体内的毒素主要依靠猪的肝脏来排毒解毒，而肝脏中主要靠胆汁来运输和排出毒素，当猪体内毒素蓄积过量时就会损伤肝脏的功能，造成胆汁分泌不足，更加加剧了毒素的蓄积，这时就需要添加外源性的胆汁酸来缓解肝脏的压力，刺激肝脏分泌大量稀薄的胆汁，来畅通胆汁，排出体内的霉菌毒素、重金属离子等，达到保肝护胆的作用，从而更好地维护猪群健康。

（4）要对症治疗。只要发现猪存在霉菌毒素中毒的症状，要立刻停止饲喂发霉饲料，改成饲喂高蛋白饲料和含有丰富碳水化合物的青绿饲料。如果病猪发生轻度中毒，通常在停止饲喂发霉饲料7～15d后，即可痊愈。同时，可在新饲喂的饲料中添加适量的ATP、辅酶A、B族维生素、维生素C、维生素E以及中草药。如果病猪症状严重，出现腹泻、呕吐，要立即投服泻剂，促使胃肠道内的毒物尽快排出，同时配合投服适量的黏膜保护剂和吸附剂（如活性炭、氢氧化铝胶等），用于防止胃肠道黏膜损伤。如果病猪损失大量体液，还要立即补充足够的体液和能量，如静脉注射高渗葡萄糖、维生素C和生理盐水等。如果病猪伴有出血，可静脉注射适量的20%～50%的葡萄糖溶液、维生素C、10%氯化钙或者葡萄糖酸钙溶液，肌内注射一定量的安络血、维生素K、止血敏等，如果心脏衰弱还要肌内或者皮下注射强心剂。

（5）对于母猪，需要先进行洗胃或者灌肠，可以使用温生理盐水和2%碳酸氢钠或者0.1%高锰酸钾溶液，然后服用盐类泻药。对于中大型的猪，可用1 000mL水、30～50g硫酸钠混好后让猪饮用，促使胃肠道内的毒素尽快排出。之后静脉注射300～500mL 5%葡萄糖生理盐水、5～15mg 5%维生素C或者20mL 40%乌洛托品，同时皮下注射5～10mL 20%安钠咖。

（6）病猪还要肌内注射抗生素或者在饲料中添加适量的抗生素，用于防止继发感染，同时缓解精神沉郁、肾肿、水肿、出血以及腹泻等症状。育肥猪霉菌毒素中毒3～10d能恢复。猪霉菌毒素中毒的原因是采食了发霉饲料，这种情况一年四季均可发生，但以春夏温暖多雨的季节更为严重。任何年龄、品种的猪都可发生霉菌毒素中毒。

（六）去霉的重要性

很多养殖户都存在着侥幸心理，觉得只要饲料存放好，吃得快，就不会产生霉菌毒素。这样的想法是非常错误的，我们都知道不管饲料存放得多好，只要不是真空状态，霉变就会一直发生，只不过是速度快慢的问题，如果环境潮湿闷热，饲料可能一晚上就发霉变质，如果明显看到饲料有大量霉菌，饲料发霉变质的程度已经很严重，而在那之前饲料其实一直在发生霉变反应，只是肉眼看不到。

选择有效的霉菌毒素吸附剂。吸附剂能够将饲料中本身含有的毒素以及贮藏过程中产生的毒素除去，还能够清除动物体内以及血液中含有的内毒素。霉菌毒素吸附剂主要包含两类，一类是无机类吸附剂，如水合硅酸盐、硅藻土、蒙脱石、膨润土等。这类吸附剂的特点是添加量大、价格便宜、吸附性单一，即一种吸附剂只能够吸附一种饲料中的毒素；另一类是有机类吸附剂，如活性炭、麦麸、燕麦皮、酵母细胞壁提取物、半纤维素果胶、纤维素果胶等，这类吸附剂都具有较强的吸附霉菌毒素的能力，但在吸附霉菌毒素的同时还会吸附饲料中含有的微量元素、维生素等，长时间使用这类吸附剂会造成机体缺乏某些营养而导致抗病力减弱、生长缓慢。

因此我们不仅要使用脱霉剂，还要长期使用，在选择脱霉剂时，最好不要使用添加化学成分的，会破坏饲料的营养成分，还会损伤猪的生殖器官。因此最好使用以中药和益生菌为成分的：克霉太保，只分解霉菌，不会影响饲料营养，还能排出猪体内的毒素。

（七）霉菌毒素对各阶段猪群的危害

（1）在生产实践中，饲料原料或者成品中一般可检测出多种霉菌毒素同时存在，对动物造成的危害要远远大于单一的霉菌毒素。这些霉菌毒素可造成机体组织器官的损伤，比如肠道损伤，造成腹泻增加；肾脏病变，造成血尿水便；肝脏损伤，造成功能下降；肺脏受损，造成急性肺水肿增多等。亦可引起动物的免疫抑制，造成猪群免疫力下降，疫苗的保护力大大降低。进而引起猪群蓝耳病、圆环病毒、伪狂犬病、猪瘟、衣原体病、弓形虫病等各种疾病的发病率上升，造成猪群混染严重，药物治疗效果差，死亡率大大增加等问题，最终导致猪群生长和繁殖性能的下降。大多数霉菌毒素会在猪采食饲料后的30min内释放到消化道，而小肠则是吸收霉菌毒素的主要场所。

（2）对于不同年龄、品种、体质的猪，由于饲料营养水平不同，饲料中所含毒素的种类、剂量、毒素间相互影响以及饲喂时间不同，会使猪在中毒后表现出不同的临床症状。

（3）断奶仔猪。主要表现出精神沉郁，初期排出干硬的球状粪便，经过24h会排出灰色稀便，然后排出混杂血液的粪便；口腔大量流涎，部分发生呕吐，有时吐出绿色分泌物，有时吐出饲料；经过3d，病猪开始出现神经症状，头颈朝向一侧弯曲或者不停转圈，或者头抵在墙上不动，或者卧地不起，且张口呼吸，陆续死亡。没有死亡的病猪会表现出精神萎靡，减少采食，机体状况较差，且会出现后躯麻痹、跛行的症状，严重时甚至出现耳朵、蹄部和尾巴发生坏死。

（4）保育猪，采食后突然出现呕吐，并快速发生腹泻，初期排出白色粪便，之后排出绿色或者黄色粪便，后期排出带有少量灰褐色的粪便，且混杂没有消化的饲料或者血样。有些病猪在初期体温稍有升高，出现腹泻后体温有所降低。精神沉郁，被毛粗乱失去光泽，颤栗，严重时渴欲增强，机体快速脱水，通常在 48 ～ 72h 内发生死亡。耐过病猪生长发育速度缓慢，通常变成僵猪。

（5）架子猪、育肥猪，也具有较高的发病率，病猪往往突然出现水样腹泻，排出灰褐色或者灰色粪便，经过 1d 至数天后采食量减少，虚弱无力，体重快速下降，有时发生呕吐，病程可持续 1 周左右，具有较低的死亡率。

（6）哺乳母猪，通常和仔猪同时发病，主要表现出食欲减退，部分仔猪发生呕吐，体温有所升高，严重时发生腹泻，泌乳减少或者完全停止，通常经过 3 ～ 7d 能够恢复，基本不会发生死亡。

（7）育肥猪霉菌毒素中毒症状为病程长、渐进发作，皮肤出现血斑、黄疸，眼睑肿胀且有大量脓性分泌物；食欲不振或不食，呕吐、腹泻、血样粪便。个别育肥猪有角弓反张等神经症状，生长发育缓慢，长膘慢，贫血等。仔猪通常为急性发病，头朝向一侧弯，用头顶住猪栏，几天内就发生死亡。

（8）过量的霉菌毒素可引起猪的急性中毒，有的霉菌毒素严重时可致癌、致突变和致畸形，而母猪产仔猪的质量差也由此原因引起。如果猪群体内有霉菌毒素中毒的情况，可能会出现眼屎、泪斑、背部铁锈斑等症状。因此，定期清除猪群体内蓄积的霉菌毒素并保持饲料的质量是非常关键的。

（9）一旦母猪体内出现霉菌毒素过多的情况，无论是哪种细菌所致，都会对母猪的身体健康造成严重的损害。母猪的流产、早产、死胎和弱胎率会显著提高，且容易出现产后不发情、假发情、屡配不孕、难产率增高等症状，这对猪场的生产成绩和效益都会产生影响。长期摄入霉菌毒素会导致其在体内积累，严重损害母猪的消化吸收能力，导致其饲料利用率降低，甚至会对新生仔猪的健康产生不良影响，如体重不足、体质虚弱、死亡率上升等。

（10）此外，母猪霉菌毒素中毒还会严重危害其肝脏健康。肝脏是机体解毒的场所，如果母猪食用的饲料中毒素含量过高，会使其肝脏负担过大，一旦肝脏无法有效解毒，就可能引发一系列严重症状，如肝脏肿大、肝硬化、肝腹水、肝萎缩等。因此，保障母猪饲料安全与健康对于猪场的产值和效益至关重要。

八、不同阶段选择合理的饲喂量

（一）开食补料

（1）母猪的泌乳高峰在产后 20 ～ 30d，30d 以后泌乳量明显减少，而乳猪的生长速度却越来越快，为了保证 3 周龄后乳猪能大量采食饲料以满足快速生长所需的营养，必须尽早给乳猪开食补料。6 ～ 7 日龄的乳猪开始长出臼齿，牙床发痒，常离开母猪单独行动，特别喜欢啃咬垫草、木屑等硬物，并有模仿母猪行为的特性，此时开始补料效果最好。饲喂要勤添少补，由少到多。目前许多生产实践采用在哺乳时，把乳猪料化成糊状涂在母猪乳头上，使仔猪更早开食，有的干脆哺乳时在每头仔猪嘴内塞几粒颗粒料。

（2）补料的方法是在母猪产房内设置乳猪补料栏，留有洞口，乳猪可自由地随时进栏吃料。规模猪场母猪在高床分娩栏分娩，母仔分开，可以不单设补料栏。母仔一起吃料与母仔分开吃料相比较，断奶体重低得多。“初生重一两、断奶重一斤”，即提高仔猪断奶重，必须抓好仔猪初生重和初生期饲养管理，同时，还要抓好补料，尽早进入旺食期。

（3）乳猪料应采用容易被消化吸收的优质乳猪全价颗粒料，由于初生乳猪的消化系统发育不健全，体内缺乏各种消化酶，如淀粉酶、蛋白酶等，不能很好地消化吸收饲料中的淀粉以供给新陈代谢所需的能量。而乳清粉中所含的乳糖能直接被乳猪吸收，转化为能量供给乳猪生长发育的需要。同时，乳清粉中的乳糖在分解过程中产生的乳酸能提高乳猪胃液的酸度，同时提高乳猪对饲料的消化能力。因此，乳猪料中要添加 5% ～ 10% 的乳清粉，日龄越小的乳猪，要求添加的量越多。要注意对乳猪补饲微量元素铁和硒，大多应在饲料中添加。

（4）补料次数以每天 4 ～ 6 次为宜，仔猪补料可以刺激胃肠道的发育，促进其对植物性饲料的适应和消化酶活性的提高，有利于提高饲料的转化率。乳猪出生后 3d 就开始喝水，如果供水不足，乳猪就会喝脏水。开始时要在饮水器上加一个垫，使水经常滴出，诱导乳猪喝水。

（5）铁的补充。初生时正常含铁量为 50mg，每天需耗铁 7mg，而从母乳中每天仅能获取 1mg，到 3 周，仔猪缺铁最少为 100mg，所以仔猪生后必须补铁。最常用的是肌内注射，补铁后 2 周内若仍有贫血现象，应再补注 1 次。

（二）断奶仔猪的营养管理

（1）断奶是仔猪出生后遭受的第二次大的应激。其营养来源由全部或部分依赖液状的母乳变为全部依赖固态的饲料，胃肠道的消化酶由分解乳蛋白，乳糖与乳脂肪的酶变成要分解玉米、豆粕、鱼粉等一般原料的酶，造成营养吸收消化不良，再加上环境，温度，密度等的变化，极易造成仔猪下痢或生长停滞。

（2）断奶仔猪的饲料的特点。一定高剂量的铜具有促生长价值，在仔猪日粮中添加铜可调节仔猪的胃肠活动，合适的铜离子浓度会激活胃蛋白酶，并提高胃蛋白酶的消化机能，增强对蛋白质的消化能力，因而起到促进仔猪生长发育的作用。作为猪只的促生长剂，硫酸铜的使用已经较为普遍。研究表明，按 125 ～ 250mg/kg 水平的铜（每吨饲料 0.454 ～ 0.908kg 硫酸铜）添加仔猪日粮中，生长和饲料效率得到改善，死亡率下降，猪日增重可提高 8%，饲料效率可提高 5.5%。铜与抗生素同时添加比单独添加抗生素其促生长效果更好。但是，250mg/kg 是仔猪料中加铜量的极限值，超过这一极限，就会导致仔猪铜中毒，引起肝铜积聚、代谢紊乱，生长速度迅速下降乃至死亡率增加。特别是在日粮中锌和铁含量较低的情况下，更易中毒。因此，铜在仔猪料中不能超量添加。

（3）喂料要求。对自繁自养转群的断奶仔猪饲料要逐步更换，并栏半个月内仍用乳猪料，1 周后按 1/3、1/2、3/1 的比例逐步过渡用小猪料。饲喂次数由原来的日喂 5 次过渡到日喂 3 次。日用料量按体重 5% 计算。再按日喂次均分每次喂量。如在 1h 内不能吃完，应清扫回收，下次可减量。

对从市场或其他猪场购买的仔猪，可喂给含粗蛋白质18%、消化能 3 200kcal（1kcal≈4.19kJ）的仔猪料（颗粒料或自配料)。自配粉料湿喂效果更好，若无自动饮水器，饲槽内放清洁的水，刚进栏的猪可适当在饮水中加入多维。

（三）生长育肥猪的营养管理

生长育肥猪的饲料成本占猪场总饲料成本的近 70%，因此，在育肥阶段节省饲料是最切实可行的，但是育肥阶段猪的生长速度快，身体和各内脏器官的发育不协调，所以其营养需求较高。如果这时营养不够充分，容易出现免疫力低下等问题。尤其是种猪在转群或长途运输过程中均可降低猪的采食量，而此时猪对营养物质特别是维生素等需求较高，如果这时不增加育肥猪的营养，就会造成相对的营养缺乏。育肥阶段的采食量最大，其饲料转化率将直接影响整个猪场的饲料消耗和经济效益，并不是饲料越便宜越省钱，关键是要确保饲料的质量，特别要注意霉菌毒素的污染。如果因饲料原因而造成猪只患病或生长受阻，从而影响种猪场的经济效益，则得不偿失。此阶段的饲料选择尤其重要，可选择浓缩料或预混合饲料降低成本，且保证质量。

1. 选购浓缩料时应注意的问题

（1）正确认识浓缩料的质量。

浓缩料的质量优劣决定上述组分中原料质量的优劣和配比是否符合不同阶段猪生长、生产所需的营养需要。但目前许多农户在购买浓缩料时，单纯把饲料中有无鱼粉，作为鉴别其质量好坏的标准。当然，鱼粉是优质的蛋白质原料，但绝不是维持高产的唯一特效剂。片面认为有鱼粉的饲料质量就好，无鱼粉的饲料质量就是差的看法，是一种认识上的偏见，况且目前因鱼粉价格昂贵，配合饲料正趋向于无鱼粉化。只要其中含有足量的有效成分即可达到预期的饲喂效果。

（2）正确认识浓缩料的价格。

有的养殖场户为了盲目追求效益，片面认为价格高是厂家为了谋取更多利润，而选购价格相对较低的所谓"经济料"，来降低饲养成本，以企望提高效益。殊不知这种只问售价，而不注重质量，特别是盲目使用"经济料"的养殖场户，不仅未能获得预期效益，还造成不应有的经济损失。所以，在养殖场户使用饲料时，既要正确认识饲料价格，也要注重饲料的质量。为保证选购到质优价廉的浓缩料，最好购买大型正规化饲料厂生产的名牌产品。

（3）要根据养殖对象选购饲料。

不同的猪品种、不同的生长发育阶段和不同生产用途对各项营养成分需要的差异极大。如蛋鸡料中所含的蛋白质和钙磷比例比其他类的饲料要高。若用蛋鸡料喂猪，既浪费了高蛋白饲料，增加了养猪成本，又易引起猪的钙磷代谢紊乱，造成消化不良而引起生长缓慢。反之，若用育肥猪料养蛋鸡，则既不能满足蛋鸡对蛋白质与磷钙的需要，出现产蛋减少或停产，还可引起产软壳蛋，啄蛋等异食恶癖。所以，在养殖场户选购时，要首先了解产品的性能、适用对象等情况，再结合自己饲养的猪品种、生长阶段、生产用途等实际对号入座，切忌不分青红皂白地见料就用。

（4）购买时要做到"三看一捏"，以购买到新鲜的真饲料。

即选购浓缩料时要做到一看包装袋上是否印有饲料标签所规定的内容，其内容是否完全可靠，以及外包装袋的新旧程度，名牌产品也不例外，若外观陈旧、毛糙、字迹图形褪色、模糊，说明产品贮存过久或转运过多，或者是假冒产品，不宜购买。二看包装缝口线路及合格证标签与说明，要特别注意出厂日期，宜选购包装严密、缝合良好完整和近期生产的产品。过期产品，营养会有所损失。三看产品颜色的色度是否一致，有无稻壳、麸皮等物质。一捏，即选购时，对购整包者，可先用手捏缝口内及包装的四角。若感觉不松散，有成团现象，可能是贮存过久或运输途中被水淋湿，不宜购买；若零购时，可用手捏一把，正常时松开手即自然松散，出现手松后不散或轻重成团块现象，说明水分含量过高，易发霉变质，不要购买。同时注意一次不要购得太多，以免存放时间过长而变质。

2. 使用浓缩料应注意的事项

（1）正确配比稀释。

浓缩料必须与一定比例的能量饲料配合后，才能饲喂。使用时加过量的能量饲料，就会使饲料质量营养指标达不到标准，导致饲喂效果差；若按配比加入能量饲料的同时，又额外补加豆粕等蛋白质原料，虽使一些营养指标超过了标准，但又破坏了营养平衡；或者超量添加浓缩料，降低能量饲料的比例，均不能产生预期效果。所以，在使用浓缩料时，一定要参照产品说明书推荐的比例正确稀释，才能达到配合后营养平衡，也才会产生预期效果。但在生产实践中，往往所推荐的常用饲料原料与养殖场户自产饲料原料不相符，这就需要自己能够计算配合比例。通常都采用简单且易掌握的对角线法。现以 20～60kg 体重的生长育肥猪为例，说明这种计算方法。

例如，养殖户已购入含粗蛋白质 38% 的猪用浓缩饲料，并有自产的玉米、小麦麸、糠饼 3 种饲料原料，这 3 种饲料原料配合比例计算方法和步骤是：第一步，确定配合饲料营养水平，生长肥猪营养需要为，消化能 12.9MJ/kg 饲料，粗蛋白质 15%；第二步，列出自有饲料原料营养成分含量；第三步，根据当地饲料原料和以往经验，初步确定浓缩饲料的大概配比，约为 20%，然后计算出要配的能量饲料的消化能。

（2）避免重复使用添加剂。

一般浓缩料均含有微量元素、维生素和防病保健添加剂，使用时不需再添加。特别是应注意像抗生素等用量很少的保健防病添加剂，若重复添加，将会引起药物中毒。若额外添加也要添加其产品中未含有的成分。

配方制定过程如下。

①准备数据。原料的种类。各种原料的营养含量和可能存在的有毒有害物质的含量，这是制作猪饲粮配方的基础。如果制作粗蛋白质 40% 的猪通用浓缩饲料，豆粕的蛋白质含量按 44% 和 43% 计算，最后的配方成本会有很大的不同。

②设计配方。根据已知的营养标准和各种原料营养含量，合理确定各种原

料在配方中的比例，使配方的消化能、粗蛋白质、钙、磷、盐、赖氨酸、蛋氨酸刚好达到营养需要。

③在养猪生产成本中，饲料费用所占的比例很大，高达 70% 以上。所以，在配合饲料时，应尽量采用本地区生产的饲料，选择来源广泛、价格低廉、营养丰富的饲料原料，以最大限度地降低倒料成本。如用棉籽饼粕、菜籽饼粕、花生饼粕等部分替代豆粕；用肉骨粉部分替代鱼粉；用大麦、小麦、酒糟等部分替代玉米；也可添加一些青绿饲料、优质牧草等。

（3）必须混合均匀。

浓缩饲料在全价配合饲料中的比例一般不超过 35%，大量料是能量饲料，若与能量饲料混合不均匀，猪采食不足导致营养不良，采食过量又会引起营养过剩，所以，在稀释浓缩料时，应采用逐步多次稀释法混合均匀再使用。

（4）注意生料干喂或拌潮后即喂，切忌加热处理。

浓缩料与能量饲料混合后，便成为全价配合饲料，使用时应生料干喂或拌潮后即喂，不必作任何处理，若把饲料煮熟后再喂或者发酵后饲喂，就会破坏其中的营养成分，而降低饲料报酬。所以，使用浓缩料应生喂。

3. 预混料的选择与使用

预混料中含有猪生长发育所必需的维生素、微量元素、氨基酸等营养成分及药物等功能性添加剂，规格大多为 1% ～ 5%，养殖户购回后，只需按照推荐配方，选用优质原料，经过粉碎、混合，即成为全价饲料。只要将其合理使用，预混料自配料就可保证饲料质量，同时降低生产成本，取得良好的效果。

（1）营养标准的选择。

规模养殖场在使用预混料时，可根据标签的推荐配方进行配制饲料，但这样配制的饲料配方成本一般较高，因此可以让预混料厂家技术人员根据猪场情况和当地原料来源设计符合本猪场的饲料配方。如果猪场自己有专业配方人员，可以自己制作配方，制作饲料配方的第一步就是选择猪的营养标准。根据所养猪的品种选择相应的营养标准。目前在养猪生产实际中常采用的营养标准有美国的 NRC 标准、法国的 ARC 标准及中国地方品种猪标准等。猪场应根据所养猪的品种进行选择，也可以根据猪的体况或季节进行细微地调整。

（2）配料过程控制。

第一要严把原料质量关，禁止使用发霉变质原料；不要使用水分超标的玉米；严禁使用过期浓缩料或预混料。

第二要原料称量要准确，采用人工称量配料，称量是配料的关键，是执行配方的首要环节。称量的准确与否，对饲料产品的质量起至关重要的作用。要求操作人员一定要有很强的责任心和质量意识，否则人为误差很可能造成严重的质量问题。在称量过程中，首先要求磅秤合格有效。要求每周由技术管理人员对磅秤进行一次校准和保养，每年至少 1 次由标准计量部门进行检验；其次每次称量必须把磅秤周围打扫干净，称量后将散落在磅秤上的物料全部倒入下料坑中，以保证原料数据准确；再次切忌用估计值作为投料数量。

第三是每种物料因为添加比例不同，其称量精确度要求也不一样，大致要求称量误差在 4% 以内。

（3）原料粉碎粒度要合适。

粉碎机是饲料加工过程中减小原料粒度的加工设备。应定期检查粉碎机锤片是否磨损，筛网有无漏洞、漏缝、错位等。粉碎机对产品质量的影响非常明显，它直接影响饲料的最终质地和外观形状。操作人员应经常注意观察粉碎机的粉碎能力和粉碎机排出的物料粒度。

该项技术的关键是将各种饲料原料粉碎至最适合动物利用的粒度，使配合饲料产品能获得最大饲料饲养效率和效益。要达到此目的，必须深入研究掌握不同动物及动物的不同阶段对不同饲料原料的最佳利用粒度。大料粉碎粒度要合乎要求，例如玉米粉碎时筛片的孔径选择一般为教槽料 0.6mm、保育料 1.5mm、中小猪料 2.0mm、大猪料 2.5mm、公母猪料 4.0mm 等。

（4）原料添加顺序要合理。

首先加入量大的原料，量越小的原料应在后面添加，如维生素、矿物质和其他添加剂，这些原料在总的配料过程中用量很小，所以，不能把它们直接添加到空的搅拌机内。如果在空的搅拌机内先添加这些微量成分，它们就可能落到缝隙或搅拌机的死角处，不能与其他原料充分混合。这不仅造成了经济价值较高的微量成分损失，而且使饲料的营养成分达不到配方水平，还会对下一批饲料造成污染。所以，量大的原料应首先加入搅拌机中，在混合一段时间后再加入微量成分。有的饲料中需要加入油等液体原料，在液体原料添加前，所有的干原料一定要混合均匀，再加入液体原料，再次进行混合搅拌。含有液体原料的饲料需要延长搅拌时间，目的是保证液体原料在饲料中均匀分布，并将可能形成的饲料团都搅碎。有时在饲料中需加入潮湿原料，应在最后添加，这是因为加入潮湿原料可能使饲料结块，使混合更不易均匀，从而增加搅拌时间。

（5）混合时间要合适。

混合均匀度指搅拌机搅拌饲料能达到的均匀程度，一般用变异系数来表示。饲料的变异系数越小，说明饲料搅拌越均匀；反之，越不均匀。在生产成品饲料时，变异系数不大于 10%。搅拌时间应以搅拌均匀为限。确定最佳搅拌时间是十分必要的。搅拌时间不够，饲料搅拌不均匀，影响饲料质量；搅拌时间过长，不仅浪费时间和能源，对搅拌均匀度也无益处，卧式搅拌机的搅拌时间为 3 ～ 7min。

（6）防止交叉污染。

饲料发生交叉污染的场所主要有：储存过程中的撒漏混杂；运输设备中残留导致不同产品之间的交叉污染；料仓、缓冲斗中的残留导致的交叉污染；加工设备中的残留导致的交叉污染；由于有害微生物、昆虫导致的交叉污染等，因此需要采用无残留的运输设备、料仓、加工设备，正确的清理、排序、冲洗等技术和独立的生产线等来满足日益高涨的饲料安全卫生要求。

（7）成品包装要准确。

成品包装准确，首先所用包装袋的包装型号要与饲料相匹配，不要出现错装或混装。其次包装重量要准确，这样方便饲养员的取用，利于饲养员饲喂量的控制。

（8）使用过程中的注意事项。

目前预混料的品牌繁多，质量不一，预混料中的药物添加剂的种类和质量也相差甚大，所以选择预混料不能只看价格，更重要的是看质量，要选择信誉高、加工设备好、技术力量强、产品质量稳定的厂家和品牌。

预混料中维生素、酶制剂等成分在储存不当或储存时间过长时，效价会降低，因此应放在遮光、低温、干燥的地方贮藏，且应在保质期内尽快使用。预混料不能单独饲喂，必须按配方混合后方可饲喂，不能用水冲或蒸煮后饲喂。更换料时要循序渐进，1 周左右完成换料，尽量减少换料引起的采食减少、生长下降等应激。

预混料的添加量是预混料厂按猪不同生长发育阶段精心设计配制的，特别是含钙、磷、食盐及动物蛋白在内的大比例预混料，使用时必须按规定的比例添加。有的养殖户将预混料当作调料使用，添加量不足；有的养殖户将预混料当成万能药，盲目增加添加量；有的将不同厂家的产品混合使用。不按规定量添加，就会造成猪的营养不平衡，不仅增加了饲养成本，还会影响猪的生长发育，甚至出现中毒现象。

养殖户所购买的预混料，其饲料标签或产品包装袋上都有一个推荐配方，这个配方是一个通用配方，能备齐推荐配方中的各种原料的养殖户，可按推荐配方配料。也可充分利用当地原料优势，请预混料生产厂家的技术人员现场指导，不要自己随意调整配方，否则会使配出的全价饲料营养失衡，影响使用效果。

预混料的添加量仅有 1%～5%，而 95%～99% 的大部分成分是饲料原料，因此原料质量至关重要。目前，农村市场饲料原料的质量差异很大。因此，应尽量选择知名度高、信誉好的厂家的原料。粒度较大的原料，如玉米、豆粕，使用前必须粉碎，猪饲料的粉碎粒度以 500～600μm 为宜，饲喂的饲料混合均匀度变异系数通常不得大于 10%。

4. 育肥前期营养管理（30～60kg）

由于前期做了大量细致的工作，仔猪基本上都是身体健康、体质健壮的架子猪，但饲养管理不能放松。在既能满足猪只的生长需要，又能降低饲养成本的前提下，在 1 周内完成由小猪料过渡到中猪料（含粗蛋白质 16%、消化能 3 000kcal/kg 左右）按体重 4.5% 的标准计算日粮。即每头每日 1.35～2.7kg，日喂次数可由日喂 3 次过渡到日喂 2 次。除做好每日 2 次清扫舍内外环境卫生和每周消毒 1 次外，仍必须每日早、中、晚仔细观察猪只的精神状况、呼吸、吃食、粪尿等状况，发现异常立即找兽医治疗。

5. 育肥后期饲养管理（60～90kg）

（1）本阶段猪只生长快，如三元杂交猪（杜长大）每日增重可达 1kg 左右。1 周内由中猪料更换为大猪料。粗蛋白 15% 左右，消化能 2 900kcal/kg。按体重 4%～4.5% 比例计算每头日粮，即 2.7～3.6kg/ 头，日喂 2 次。

（2）如果是复式猪舍，夏季不仅要做好通风，还要注意防暑降温，最好安装喷淋装置，定时给猪只喷淋。尤其是在 75～90kg 体重时更应加强降温。若无该装置，可在 9:00 左右结合冲刷栏舍时给猪喷淋。但水压力不可过大。

（3）为保证猪肉达到安全猪肉的标准，在体重达 75kg 时更换不含药物残留量的饲料。

（4）猪的喂养时间和次数也应根据猪的年龄和生长阶段进行合理调整。一般来说，成年猪每天需要在早中晚喂料 2～3 次，而仔猪需要喂养 4～5 次。具体喂养时间和次数可根据猪舍环境和饲养管理要求进行调整。

九、根据猪的健康、肥瘦程度调整饲喂量

在通常情况下，30kg 猪每天需要饲料量在 1.8kg 左右。但是具体的饲料用量还需要根据猪的品种、生长阶段、环境温度等情况进行具体调整。

（一）如何根据猪的体重和生长阶段确定饲料用量

（1）每个生长阶段的猪需要的饲料量不同。例如，幼猪需要更多的蛋白质和矿物质，成年猪则需要更多的热能和碳水化合物。

（2）猪的体重也是影响饲料采食量的一个因素。一般来说，猪的饲料量应根据体重进行调整，即饲料量与体重成正比。

（3）如果猪在生长过程中出现了厌食、腹泻、发热等情况，需要及时对饲料进行调整。

（4）在喂养猪的过程中，还需要注意合理搭配不同种类的饲料，使猪获得充分的营养成分。

（二）掌握饲喂方法

（1）自由采食。一般适用于断奶 2 周后的仔猪及生长育肥猪前期使用。其优势在于提高猪只日增重、背膘及节省人工；其缺点在于护理不周仔猪易发腹泻，生长育肥猪时期有的使用水泥料槽长期不清理或产生饲料霉变。

（2）定时定量。一般多见管理规范的养殖猪场或使用液态料饲喂的猪场。其优势在于根据猪只的品类、生长发育阶段制定适宜的饲喂量，一方面能提高饲料利用率、减少饲料浪费，另一方面能提高食欲、增加采食量，使其养成惯性，利于更好生长发育。

（三）适当调整饲喂量

（1）断奶 1 ～ 2 周仔猪喂料以稀料为主，料水比例 1∶5，尽可能接近乳汁样，而后逐渐加大饲料比例至 1∶3.5，投喂 5 次 /d，上午和下午各 2 次、21:00 投喂 1 次；智能粥料器将采食分为 6 餐，每餐多次采食，通过少食多餐的方式极大地提高采食量。

（2）保育猪及生长育肥猪可采用自由采食，生长育肥猪后期及哺乳母猪有条件的可适用湿拌料，3 次 /d 饲喂，饲喂上八至九成饱；定期对猪进行体重测量，及时调整饲料用量。控制猪的饲料摄取时间和频率，避免过量饲喂。搭配合适的饲料以及保证干净饮水，提高饲料利用率。

（3）仔猪少喂勤添，母猪按膘情适量饲喂，瘦母猪适当多喂、胖母猪则减料饲喂，妊娠母猪 40 日龄时膘情保持七成左右、产前 5 ～ 7d 达到八至九成膘，合理使用添加剂和保健药品，防止猪生病影响饲料摄取量。保持猪舍安静，让猪养成每天 24h 内除进食排粪尿外，其余时间基本处于睡眠状态的习惯，以利于增重。

（4）肉猪每天的饲喂次数应根据猪只体重和饲粮组成作适当调整。体重 35kg 以下时，胃肠容积小，消化能力差，而饲料相对需要多，每天宜喂 3 ～ 4 次。35 ～ 60kg 的猪，胃肠容积扩大，消化能力增加，成年猪的胃容量为 600 ～ 800g，饱腹感导致猪单次采食量有限，导致采食量降低，试验证明采食4次以上会使母猪增加1kg的采食量，夏季中午饲喂时应避开高温时段，早晨以6:00—7:00点、下午15:00以后饲喂为宜，有条件的可搭配添加适量的青绿多汁饲料。每天应喂2～3次。体重60kg以后，每天可饲喂2次。饲喂次数过多并无益处，反而影响猪只的休息，也增加了用工量。每次饲喂的时间间隔，应尽量保持均衡，饲喂时间应选在猪只食欲旺盛时为宜，如夏季选在早晚天气凉爽时饲喂。

（5）应用自动喂料器精确饲喂，减少浪费，猪通过触动料槽中的触碰杆获得饲料，触碰杆把信号传输到自动下料设备系统中，设备启动，按照软件设定的饲料投放量投料，母猪随意采食；本餐饲喂时间结束或当餐供量下完，母猪拱动触碰杆也无法下料，精确计划采食避免人工投料采食不准或采食不完导致饲料浪费。饲喂方法分不限量饲喂和限量饲喂，两种方法各有特点，其根本区别在于控制猪营养物质的摄入量。不限量饲喂时猪采食量大，日增重高，胴体背膘厚；在限量饲喂时，日增重较低，但饲料利用率较高，胴体背膘薄。在决定饲喂方法前，必须了解肌肉和脂肪的生长规律。在猪达到最大的瘦肉生长潜力之前，脂肪生长相对较少，只见于肾周脂肪等保护性脂肪组织的生长，一旦达到最大瘦肉生长潜力时，食入的多余营养物质才导致脂肪生长的增加。所以在实施限量饲喂时应注意：第一，限量饲喂必须在瘦肉达到最大生长潜力后进行，否则会影响瘦肉的生长；第二，一些瘦肉生长潜力较大的猪，对限量饲喂的反应不是很明显。不限量饲喂，最常应用的方法是将饲料装入自动饲槽，任猪自由采食；另一种方法是按顿不限量饲喂，每顿喂至稍有剩余为止。

第三节 饲料原料应用上的注意事项

一、原料使用原则

（一）安全性原则

饲料是人类食物链上的一个环节，所以，可以认为是人类的间接食品，因此，饲料的安全性对人类的健康具有重要意义。人类常见的癌症、抗药性和某些中毒现象等可能与饲料中的抗生素、激素、重金属等的残留有关。所以，在选择饲料原料时，应防止或限制采用发霉变质、有毒性的饲料。如花生饼易产生黄曲霉毒素，菜籽饼中含有芥子酸，棉籽饼中含有棉酚，没有经过脱毒应限制使用量。有条件的用户，可以先进行脱毒处理，然后再使用。

目前，我国政府已把饲料安全质量问题提高到一个新的高度，无论在饲料立法和饲料市场的整治力度上都是空前的。已对《饲料与饲料添加剂管理条例》进行了修改，增加了保障饲料安全的内容；同时，加大了饲料安全检查力度，启动了饲料安全工程。所以，在进行饲料配方设计时应正确掌握饲料原料和饲料添加剂的使用方法。尽量减少不必要的药物添加剂的使用，同时，不要使用激素和其他作法违禁药物等，以确保饲料的安全。

（二）体积适中原则

在配合日粮时，除了满足各种营养物质的需求外，还要注意饲料干物质的供给量，使日粮保持一定的体积。猪是单胃动物，胃容积相对小，对饲料的容纳能力有限、配制的饲料既要使猪吃饱、又要吃得下。因此，要注意控制日粮中粗饲料的用量和粗纤维的含量，一般地，仔猪饲粮配方中粗纤维的含量不超过 5%，生长育肥猪不超过 8%，妊娠母猪、哺乳母猪、种公猪和后备猪不超过 10%。满足饲养标准而又不过多，从而降低成本。在设计配方时一定要注意配方的科学性，切勿随意添加任何一种原料。

二、原料使用量的要求

（一）教槽料

（1）仔猪出生后 7 ～ 10d 开始调教诱食至断奶后 7 ～ 10d，这一期间补充饲喂的饲料，其目的是补充泌乳养分的不足，有利于刺激仔猪消化酶的合成。若一定量补饲，可提高哺乳仔猪淀粉酶和胰蛋白酶的活性。此外，哺乳期充分补饲使仔猪对饲料中某些抗原物质可产生免疫耐受力，并保护消化道壁的完整性，以便断奶时消化道快速适应固体饲粮的采食。因此，哺乳仔猪料应是营养全面的配合饲料，最好制成经膨化处理的颗粒饲料，保证松脆、香甜等良好的适口性。

（2）原料组分的选择既要与消化系统的能力相适应，也要为断奶后平稳过渡做好准备。饲料应含有与母乳类似的原料（如奶粉、乳清粉等），葡萄糖和油脂，同时含有一定比例的植物蛋白，有助于断奶后的平稳过渡，所选原料应品质安全，消化率高。

（3）此阶段主要考虑的是能量和蛋白质水平，消化能浓度范围一般在 13.8 ～ 15MJ/kg，蛋白质含量在 20% 左右，粗纤维含量不超过 4%，同时，还应考虑日粮中的限制性氨基酸（如赖氨酸等）和钙磷等矿物质的含量。另外，还要注意在饲料中添加柠檬酸、乳酸、甲酸、延胡索酸等有机酸来提高消化道的酸度和饲料的消化率，注意饲料中添加抗生素，补充铁、铜、硒等矿物质。

（二）断奶仔猪饲料

（1）仔猪断奶后因受环境、营养和免疫不成熟性等多种应激，常导致仔猪食欲降低、腹泻。增重减缓甚至减重、生长受阻等。因此断奶仔猪的饲养目标是减少腹泻，提高成活率和日增重。在整个仔猪保育期间，控制仔猪腹泻是饲养的关键，在原料选择上，可利用的能量饲料有乳糖、脂肪、蔗糖、谷物等，特别是在早期断奶料中，乳糖的添加必不可少，它不仅能促进食欲，而且是仔猪最好的能量来源。乳清粉中含乳糖 60% 以上，是乳糖的良好来源。

（2）母乳干物质中含 30% ～ 40% 的脂肪，故断奶仔猪中使用脂肪还是必要的，其中豆油和椰子油是仔猪较好的脂肪来源。谷物类最好熟化处理，特别是对 21 日龄之前断奶的仔猪尤为重要，谷物熟化之后，消化和吸收率提高，可减少腹泻。随日龄增加，仔猪对淀粉的消化率提高，采用普通谷物即可，蛋白源的选择，可选用易消化的动植物蛋白，如奶粉、乳清粉、血浆蛋白粉、鱼粉、豆粕、大豆浓缩蛋白等，大豆蛋白中的某些抗原物质会引起早期断奶仔猪短暂过敏反应，尽管高水平豆粕有害，但断奶第一阶段料中必须含有一定量的豆粕，使仔猪产生适应性，否则以后仍会发生过敏反应。

（3）根据仔猪的生长发育特点，采用阶段饲喂法，即把断奶仔猪分为断奶到 7kg、7 ～ 11.5kg、11.5 ～ 23kg 3 个阶段，分别饲喂不同阶段的饲料。第一阶段喂高浓度养分饲料，以乳制蛋白为基础，添加维生素、微量元素和抗生素，日粮含高浓度的蛋白质和赖氨酸；第二阶段以玉米豆粕日粮为基础，加 10% 乳清粉，日粮含粗蛋白质 18% ～ 20%，赖氨酸 1.25%；第三阶段用简单饲粮，以谷物 – 豆饼为基础，含赖氨酸 1.1%。

（三）生长育肥猪饲料

（1）生长育肥猪也称肉猪，该阶段占养猪饲料总消耗的 70% 左右。因此，该阶段猪的生产性能和饲料成本直接关系到猪场效益的高低，而且潜力巨大。

（2）生长育肥猪的能量饲料以玉米为主，蛋白质饲料以豆粕为主，要立足本地丰富的饲料原料进行合理搭配，做到既降低饲料成本，又保证肉猪一定的增重速度和胴体品质。能量供给水平与增重和胴体品质有密切关系，体重 50kg 之前，蛋白质沉积速率随能量增加而线性增加，充分表现其生长潜力的日粮浓度为 14 ～ 15MJ/kg。一般来说，在日粮中蛋白质、必需氨基酸水平相同的情况下，肉猪摄取能量越多，日增重越快，饲料利用率越高，背膘越厚，胴体脂肪含量越多，但日增重达到一定程度，再增加能量的摄入量也不能使蛋白质和瘦肉率的沉积继续增长，饲料转化率进而开始降低，对于不同品种、不同类型和不同性别的肉猪，其能量的最佳摄入水平也不同。

（3）生长期日粮中的蛋白质和赖氨酸主要用于瘦肉组织的生长，因此日粮中充足的蛋白质和赖氨酸供应对猪遗传潜力的发挥起主导作用。不同遗传类型的猪生长速度和胴体差异很大，采食量也存在较大差异，因此对日粮中的氨基酸水平要求不同。沉积瘦肉较快的猪显然需要较高的蛋白质和氨基酸水平。在日粮消化能和氨基酸都满足的情况下，日粮蛋白质水平在 12% ～ 18% 的范围内，随着蛋白质水平的提高，猪的日增重和饲料转化率均提高，但超过 18% 时，瘦肉率提高，日增重不再提高反而有的会出现下降的趋势，这也是对蛋白饲料的一种浪费。一般来讲，体重 20 ～ 60kg 时，瘦肉型猪的粗蛋白质水平为 16% ～ 17%，体重 60 ～ 100kg 时，为 14% 或 16%；在提供合理的蛋白质营养时，要注意各种氨基酸的给量和配比，尤其要注意日粮中赖氨酸占粗蛋白质的比例，通过确定赖氨酸的需要量，然后选择合适的理想的蛋白质模式。

（4）在日粮消化能和粗蛋白质水平正常情况下，体重 20 ～ 35kg 阶段，粗纤维含量为 5% ～ 6%；35 ～ 100kg 阶段，为 7% ～ 8%，不能超过 9%。日粮中应含有足够数量的矿物质元素和维生素，特别是矿物质中某些微量元素的不足和过量，会导致肉猪代谢紊乱，增重速度缓慢，饲料消耗增多，重者能引发疾病或死亡。

第六章

猪不同阶段的饲养管理要点

第一节　哺乳仔猪的高效饲养与管理

一、哺乳仔猪特点

（一）哺乳仔猪的生理特点

仔猪消化器官在胚胎期虽已形成，但结构和机能却不完善，具体表现在下列几方面。

（1）胃肠重量轻、容积小、出生时胃的重量为 4 ～ 8g，仅为成年猪胃重的 1% 左右。初生胃只能容纳乳汁 25 ～ 40g。到 20 日龄时，胃重增长到 35g 左右，容积扩大 3 ～ 4 倍，约到 50kg 体重后，才接近成年胃的重量。肠道的变化规律类似，出生时小肠重仅 20g 左右，约为成年猪小肠重的 1.5%。大肠在哺乳期容积只有每千克体重 30 ～ 40mL，断奶后迅速增加到 90 ～ 100mL。

（2）初生仔猪乳糖活性很高，分泌量在 2 ～ 3 周龄达到高峰，以后渐降，4 ～ 5 周龄降到低限。出生时其他碳水化合物分解酶活性很低。蔗糖酶、果糖酶和麦芽糖酶的活性到 1 ～ 2 周龄后开始增强，而淀粉酶活性在 3 ～ 4 周龄时才达高峰。因此，仔猪，特别是早期断奶仔猪对非乳饲料的碳水化合物的利用率很差。在蛋白分解酶中，凝乳酶在初生时活性较高，1 ～ 2 周龄达到高峰，以后随日龄增加而下降，其他蛋白酶活性很低，如胃蛋白酶，出生时活性仅为成年猪的 1/4 ～ 1/3，8 周龄后数量和活性急剧增加。胰蛋白酶分泌量在 3 ～ 4 周龄时才迅速增加，到 10 周龄时总胰蛋白酶活性为初生时的 33.8 倍。蛋白分解酶的这一状况决定了早期断奶仔猪对植物饲料蛋白不能很好消化，日粮蛋白质只能以乳蛋白等动物蛋白为主。至于脂肪分解酶，其活性在出生时就比较高，同时胆汁分泌也较旺盛。在 3 ～ 4 周龄时脂肪酶和胆汁分泌迅速增高，一直保持到 6 ～ 7 周龄。因此仔猪对以乳化状态存在的母乳中的脂肪消化吸收率高，而对日粮中添加的长链脂肪利用较差。

（3）胃肠酸性低，初生仔猪胃酸分泌量低，且缺乏游离盐酸，一般从 20d 开始才有少量游离盐酸出现，以后随年龄增加。整个哺乳期胃液酸度变动于 0.05% ～ 0.15%，且总酸度中近一半为结合酸，而成年猪结合酸的比例仅占 1/10。仔猪至少在 2 ～ 3 月龄时盐酸分泌才接近成年猪水平。胃酸低，不但削弱了胃液的杀菌抑菌作用，而且限制了胃肠消化酶的活性和消化道的运动机能，继而限制了对养分的消化吸收。

（4）胃肠运动机能微弱，胃排空速度快，初生仔猪胃运动微弱且无静止期，随日龄增加，胃运动逐渐呈运动与静止的节律性变化，到2～3月龄时接近成年猪。仔猪胃排空的特点是速度快，随年龄增长而渐慢。食物进入胃后完全排空的时间在3～15日龄时为1.5h，1月龄时为3～5h，2月龄为16～19h。饲料种类和形态影响食物在消化道的通过速度。如30日龄猪饲喂人工乳残渣时，通过时间为12h，而喂大豆蛋白时为24h，使用颗粒料时为25.3h，而粉料则为47.8h。

（二）代谢特点

生长发育快，仔猪出生体重一般约占成年时的1%，以后随年龄增加，生长速度和养分沉积量迅速增加。

仔猪的绝对生长速度（g/d）随年龄增长而速度加快，而生长强度（体重的相对生长量）则随年龄增长而下降。如39日龄体重为出生重的8倍，而65日龄体重仅为39日龄的2倍。养分沉积的重要特点是脂肪沉积率在出生后前3周内迅速增加，从出生时的1%提高到5kg时的12%，以后与蛋白质的沉积率相当。

（1）蛋白质的沉积率出生后增长不多，灰分的增长率更趋稳定。但无论是脂肪、蛋白质或灰分，在体内沉积的绝对量均随年龄增长而急剧增加，表明仔猪生长快，物质代谢旺盛。

（2）养分代谢机制不完善。仔猪在养分代谢上存在明显的缺陷，表现如下。

①磷酸化酶活性低，降低了糖元分解为葡萄糖的速度，但饥饿、注射儿茶酚胺可提高该酶活性。

②糖异生能力差，限制了应激仔猪所需葡萄糖的供应。

③肝脏线粒体数量少，限制了碳水化合物和脂肪酸作为能源的利用。且由于ATP合成量少，很多生物合成过程受到抑制。

④仔猪体脂沉积少。出生时，只有1%～2%的体脂，且大部分是细胞膜成分，作为能源的血液游离脂肪酸量很低。因此，尽管仔猪的脂肪利用机制存在，但底物供应非常有限，限制了仔猪的能量来源。

⑤氨基酸代谢也可能存在缺陷。

（3）新生仔猪主要依靠贮存量相对较多的碳水化合物及母乳的摄入来获取能量。新生仔猪每千克体重含碳水化合物23g，其中21g在肌肉，其余在肝脏。按新鲜组织含量计，肝糖原浓度为200mg/g，而肌糖原为120mg/g。出生后首先动用肝糖原，然后动用肌糖原。随着仔猪年龄增长，或在环境刺激下，上述缺陷可逐渐得到补救。但对于弱仔猪，这些缺陷则会有致命的危险。

（三）免疫机能

（1）初生仔猪没有先天免疫力，因在胚胎期，母体的抗体不能通过胎盘传给胎儿。出生后仔猪只有靠食入母乳，特别是初乳而获得被动免疫。初乳中总蛋白含量高达 15g/100mL，其中 70% ～ 80% 为免疫球蛋白。在免疫球蛋白中，80% 为 IgG，15% 为 IgA，5% 为 IgM。在 3 种球蛋白中，4% 的 IgA，大部分的 IgM 和全部的 IgG 来自母猪血清，其余部分由母猪乳腺合成。常乳也是仔猪获取抗体的重要途径。产后 7d 的乳中含免疫球蛋白 6.5mg/mL，其中，IgA 占 60%，IgG 30%。

（2）初生仔猪肠道具有原样吸收这些免疫球蛋白的能力，而这种能力在 48h 后逐渐消失。3 种免疫球蛋白功能各有特点。IgA 能抵抗酶的消化，并能在消化后黏附在小肠壁上 12h 以上，起抑制大肠杆菌的作用；IgG 主要在血清中起杀菌的作用，可防止败血症；IgM 主要作用是抵抗革兰氏阴性细菌。

（3）在 1 ～ 2 周龄前，仔猪几乎全靠母乳获取抗体，随年龄增长，从乳中获得的抗体量下降。仔猪主动免疫在 10 日龄以后开始形成，并随年龄而迅速增长。在仔猪自身产生的免疫球蛋白中，以 IgM 为主，并有少量的 IgA。到 6 周龄以后主要靠自身合成抗体。在 2 ～ 6 周龄期间为被动免疫向主动免疫的过渡期。由于仔猪生长发育快，特别是出生 21d 后，母猪泌乳量开始下降，使生长需求与供养需求形成“剪刀差”。此时仔猪的消化器官尚未发育完全，消化能力弱；体温调节能力弱，对寒冷的适应性差；免疫系统不健全，缺乏先天免疫力，对疾病的抵抗力差。

（四）体温调节

初生仔猪体温调节机能发育不全，对寒冷的抵抗能力差，反映在两个方面。

（1）物理调节能力有限，仔猪对体温的物理调节主要靠皮毛、肌肉颤抖、竖毛运动和挤堆等方式进行。由于仔猪被毛稀疏，皮下脂肪很少，隔热能力差，且出生时活力不强，靠挤堆供暖的能力有限。因此，靠物理调节远不能维持体温恒定。

（2）化学调节效率很低，仔猪出生时虽然下丘脑、垂体前叶及肾上腺皮质等系统的机能已较完善，但大脑皮层发育不全，对各系统机能的协调能力差。因此，当物理调节不能维持体温时，虽然体内也能通过甲状腺素、肾上腺素等的分泌来提高物质代谢，主要是提高脂肪和碳水化合物的氧化来增加产热，但效率很低，6 日龄前特别突出。7 ～ 20 日龄期间逐渐得到改善，到 20 日龄后才接近完善。

（3）由于上述原因，初生仔猪临界温度高达 35℃，如处在 13 ～ 24℃，体温在出生后 1h 内可降低 1.7 ～ 7℃，尤其是在出生后 20min，降低更快，0.5 ～ 1h 后才开始回升，而全面恢复正常大约需 48h。出生后绝食或长期处于低温环境下，体温下降很快。有报道指出，绝食 2 ～ 3d，体温降到 34.4℃，初生仔猪裸露在 1℃环境中 2h 可冻昏冻僵，甚至冻死。因此，加强哺乳仔猪和早期断奶仔猪的保温工作是降低仔猪死亡率的关键措施。

（4）仔猪出生后的损失和死亡率较高，大部分发生在 30d 以内，尤其是第 1 周常占到整个死亡数的 60% 左右。其原因主要是初生仔猪被母猪压死、踩死或由于自身抵抗力较差，发生仔猪黄痢、白痢、猪瘟、伪狂犬、蓝耳、圆环、流行性腹泻或副猪嗜血杆菌、链球菌病、寄生虫、感冒等病而引起死亡。因此，全面认识初生仔猪生理特点，并做好仔猪到保育的健康管理工作对提高仔猪成活率至关重要。

二、哺乳仔猪的饲养管理

（一）保温防压

（1）初生仔猪机体发育不完善，中枢系统还不能有效发挥调节体温的作用，再加上仔猪自身能量累积有限，仔猪出生后如果所处环境温度过低，仔猪很容易发病成为弱仔，影响生长，甚至失温死亡。仔猪适宜生长温度为 32℃，而母猪适宜生长温度在 18℃左右。这是一个比较棘手的问题，目前仔猪保温最有效的方式是在产房安装保温箱。保温箱内铺设稻草，并勤更换。在天气较冷时，开保温灯保暖，注意保温灯要离地面至少 50cm，以免灼伤仔猪。

（2）哺乳仔猪适宜温度：1 ～ 7 日龄为 32 ～ 28℃，8 ～ 35 日龄为 28 ～ 24℃，舍内温度控制在 18 ～ 22℃，相对湿度 50%～ 70%，保持空气新鲜。仔猪应设有保温箱或保温室，并在保温箱内挂一只 250W 的红外线灯泡。同时做好仔猪护理工作，并在分娩栏内安装护仔栏。

（3）初生仔猪相当怕冷，保温是提高仔猪成活率的关键措施。仔猪最适宜的环境温度为：1 ～ 7 日龄为 32 ～ 28℃；8 ～ 30 日龄为 28 ～ 25℃；31 ～ 60 日龄为 23 ～ 25℃。生产中，初生仔猪的保温通常采用在产仔栏内建造一个简易保温室的方法。保温室的规格一般要求长 1.2m、宽 0.75m、高 1m 左右。

在保温室的一侧底部留1个可供仔猪自由出入的小门，宽0.15～0.2m、高0.2m。

（4）保温室内可通过悬挂红外线灯泡（250～500W），红外线灯泡须距地面30～40cm。为力求温度平稳恒定，需要在保温室的中间离底部0.5m处悬挂一支干湿温度计，以便准确掌握温度和湿度。同时在室内地面上放一些铡短的松软垫草，并注意勤换。仔猪经过几次训练，就会习惯自动出入保温室，这样仔猪不会被冻死，又很少被压死、踩死。

（二）吃足初乳及固定乳头

（1）仔猪胚胎期由于胎儿与母体血管之间被6层组织隔开，从而限制母体抗体通过血液进入胎儿体内。因此仔猪出生后是没有先天免疫能力的，另外仔猪自身免疫系统还未发育完善，不能有效地产生抗体，如果不能及时获取外源抗体，仔猪的成活率极低。

（2）母猪的初乳中含有免疫抗体——免疫球蛋白，这种物质是保障仔猪成活的根本，但母猪初乳中免疫球蛋白随着时间的延长，含量不断降低，母猪分娩时每100mL初乳中含有免疫球蛋白20g，分娩后4h每100mL初乳中免疫球蛋白含量降到10g，随着时间推移含量不断锐减。因此，母猪产后要及时让仔猪吃上初乳。

（3）小猪出生后3d内母猪的乳汁为初乳，其中含有丰富的抗体，能使仔猪获得对疾病的抵御能力。初乳中的各种营养物质，在小肠内几乎全被吸收，有利于增长体力和产热。同时初乳中还含有丰富的维生素、镁盐，而且乳酸度较高，有利于消化道活动，并促使胎粪排出。不过在仔猪出生72h之后，乳中的抗体急剧减少，而且作用减弱，只能作为一般的蛋白质补充营养。因此仔猪出生后应尽早吮吸初乳。实践证明，未食初乳的仔猪很难成活。

（4）仔猪出生后3d内可固定乳头。利用这一原理，在实际喂养中，可将弱小仔猪固定在前3对乳头，便于其获得充足的奶汁和足够的营养，并使全窝仔猪均衡生长。如果少数弱小仔猪吸奶不足，必须给予特殊照顾，可额外进行补喂，从而提高整窝仔猪的成活率。

（5）猪生来就有恃强凌弱的天性，而初生仔猪主要表现在吃奶上，个体大的，争强好胜的仔猪会霸占着奶水充足的前部乳头，而个体较小的仔猪只能吃奶水较少的后部乳头。如果不加以干涉，仔猪群出现个体差异非常明显，相比较大的更大，小的更小，均匀度差是影响售价的原因之一。

（6）仔猪有固定奶头的习惯，仔猪吃几次奶后就会记住属于自己的奶头，以后都会固定吮吸。我们可利用这点来突破，在仔猪未形成严格的吃奶制度之前，人工干涉仔猪吃奶排列顺序，把弱小的仔猪放到前排吃奶，而把个体较大的仔猪放到后排吃奶，多干涉几次直到仔猪固定乳头。

（7）仔猪出生后 1h 内要人工辅助吃足初乳。生后 2 ～ 3 日龄内要固定好乳头。固定乳头以自选为主，个别调整为辅，把出生体重小的仔猪固定在前排乳头，把出生体重大的仔猪固定在后排乳头。

（三）补铁补硒

仔猪出生后 2 ～ 3 日龄，肌内注射铁制剂，每头剂量 100 ～ 150mg 铁。铁是形成血红素和肌红蛋白所需要的微量元素，初生仔猪体内储备的铁很少，只有 30 ～ 50mg。其从母乳中能得到的数量也有限，每天仔猪从乳汁中仅能得到 1mg 的铁。而其正常生长每日需 7 ～ 8mg 铁，因此极易造成仔猪缺铁。缺铁会造成仔猪缺铁性贫血，皮肤和黏膜苍白，生长不良，甚至停滞，腹泻或下痢，畏寒。另外，仔猪缺硒易发生缺硒性下痢、肝坏死、白肌病、水肿病等多种疾病。

（四）剪牙、断尾、补铁、去势

仔猪在出生后 3d 内，要尽快剪牙、断尾、补铁。

1. 剪牙

可使用剪牙钳在仔猪虎牙的 1/2 处剪掉，这样可以防止仔猪咬母猪的乳头。

2. 断尾

可使用电热断尾钳在距离仔猪的尾根部 2.5cm 处，高温将仔猪尾巴剪掉，等尾巴脱落后，我们还要使用钳子烫一下仔猪尾巴的伤口，可达到止血、消毒的作用。

3. 补铁

给仔猪补铁时，可使用 12 号最细的针头，然后肌内注射给仔猪打补铁针。在仔猪生后 2 ～ 3d，给每头仔猪肌注补铁 100 ～ 150mg，预防缺铁性贫血，提高仔猪断奶成活率。仔猪生后 7d 左右，可采用自由采食法补料，提高仔猪断奶体重。

4. 去势

仔猪在 3 ～ 10 日龄可以去势，在给仔猪去势时，要快准狠，要彻底，伤口不要太大，方便以后愈合。

5. 开食与补料

仔猪生后 5 日龄训练饮水，7 日龄训练开食，至 20 日龄应全部开食。仔猪开食后，补喂全价配合料，采用生湿料型（料水比为 1∶0.5），日喂 5～6 次。采取温水给猪饮用，水温在 20℃以上，可减少猪只腹泻，减少体温的散失。煤炉连体水槽，供应温水是不错的方式。煤炉就在水槽中，与水槽联体，水槽的外壁和穿行在水槽中的排烟管都可加热水槽中的水，不但煤的利用效率高，而且加热效果好，值得在我国东北、西北和华北等寒冷地区推广。

6. 科学寄养

（1）当遇到 1 胎产多仔、超过有效乳头、母猪泌乳不足或母猪发生意外时，就要采取寄养措施确保仔猪成活。寄养原则是多产的仔猪最好在吃足初乳 2～3 次后再进行寄养，且生母与养母的分娩日期最好相差 3d 以内，最多不超过 7d，寄大补小，寄强补弱，保证所寄养猪吃上初乳。

（2）有传染病存在的情况下不能进行寄养，以防疫情扩散。寄养方法为用养母的尿、乳汁、垫草擦拭寄养猪，或将 2 窝仔猪放在一起，经过 0.5h 后再放入，也可在 2 窝小猪身上都涂上酒、臭药水等，以防止寄母伤害被寄仔猪。

7. 断奶

35 日龄断奶。

8. 减少断奶仔猪的应激

一是通过补料，做好饲料与饲喂方法的过渡。仔猪 7～10 日龄时可开始用教槽料诱食，每天投料 5～6 次，少喂勤添，及时清除剩余料，自由采食和饮用清洁水。二是做好环境条件过渡和合理转群。断奶时可赶走母猪，在原栏留下小猪进行保育；断奶仔猪转群时尽量减少合群。三是调节畜舍温、湿度。在冬季，要特别注意保温。在夏季，注意通风换气，保持室内干燥。四是调教仔猪定点排便，减少疾病传播。

9. 卫生与消毒

每天清扫圈舍除粪 2 次，每周舍内通道用 2% 火碱水溶液或其他消毒剂消毒 1 次。

三、断奶仔猪饲养管理

（一）断奶前管理

（1）在仔猪很小时（4～5 日龄）开始每天饲喂新鲜的开食料，这样可降低断奶时日粮改变造成的影响，还可以刺激酶系统的发育。如果计划在 24～28 日龄断奶，那么断奶前饲喂乳猪料的总量应达到 600g。

（2）同时断奶前调节供暖设备，让环境温度缓慢逐渐降低至 24～26℃。

确保为哺乳仔猪提供充足的饮用水。对于打耳号、去势、断尾之类会造成损伤的操作都应安排在断奶之前进行，以便尽量降低断奶时的应激。

（3）断奶前后可在仔猪饲料当中添加黄芪多糖，这样会避免因为断奶应激继发的一些疾病。断奶前后不要让饲料发生任何变化。如果必须换料，需要跨越4～7d的时间，逐渐进行。如果必须将不同窝的仔猪混群，可安排在断奶之前进行。

（二）断乳仔猪管理

（1）断乳仔猪也称保育仔猪，它对环境的适应虽然比新生仔猪明显增强，但较成年猪仍有很大差距。因此这个时期，主要是控制猪舍环境及猪群内的环境，减少应激，控制疾病。

（2）刚断奶时仍需用乳猪料1周左右，但不可让它们过饱，以防下痢，然后用乳猪料与仔猪料混合饲喂，逐渐减少乳猪料比例，10～14d可全部换用仔猪料，之后自由采食。断乳仔猪对温度的要求仍很高，可在箱的底部铺上一层干燥洁净的木板。

（3）如果1次断乳猪数量有限，可原窝原育。如断奶窝数较多则应根据仔猪体重大小放在一起，料槽要符合要求，并保持充足的饮水。一窝仔猪体重均匀度整齐可一次断奶，如有个别仔猪个体瘦小，可把它们放在个体大小相似的未断奶仔猪中饲养一段时间后再断奶。

（4）预防咬尾、耳等不良习惯。在饲喂全价饲料、温湿度合适的情况下，仍可能有互咬现象，这也是仔猪的一种天性。在圈舍吊上橡胶环、铁链及塑料瓶等让它们玩耍，可分散注意力，减少互咬现象。断乳仔猪舍由于密度较大，仔猪又喜好活动，因此在地面饲养的仔猪，由于灰尘多，要特别注意舍内空气质量。处理好通风与保温的关系，预防呼吸道疾病的发生，国外有猪场采用向空气中喷少量植物油的办法，对改善空气质量有一定效果。猪舍使用前后要彻底清扫和消毒，待干燥后再用。

（5）免疫保健。由于新生仔猪保护性免疫的能力弱，只能靠摄取初乳从母猪身上获得被动免疫。而母源免疫可持续到10～14日龄，但仔猪自己的免疫系统要到21～28日龄之后才开始发育。因此，14～28日龄断奶的仔猪对于很轻微的疾病挑战都无法抵抗，从而存在很大风险。如果这个阶段接触到致病微生物，或者肠道微生物区系发生改变，就会出现严重后果，因此做好基础免疫保健可有效提升仔猪的成活率。

第二节　保育猪的高效饲养与管理

保育仔猪是指断奶后在保育舍内饲养的仔猪，即从离开产房开始，到迁出保育舍为止，一般在 30 ～ 70 日龄，在保育舍经历 30d 左右。保育仔猪是刚摆脱仔猪培育最困难的哺乳阶段，进入另一个疾病的多发时期，为此要求提供一个良好的饲养和环境条件。

一、保育猪生理特点

（一）免疫功能、消化功能差

保育猪虽然能够独立采食，但免疫和消化功能仍与哺乳时期基本相同。具有免疫功能弱、消化功能差的特点，在生产中一定要做好免疫工作，饲喂方法一般采用分顿饲喂，遵循少喂勤添的原则。

（二）体温调节功能不发达、应激性大

（1）耐寒性差。保育猪一旦离开温暖的产房和母猪的怀抱，必然有一个适应过程。如果长期生活在 18℃以下的环境中，不仅会影响它的生长发育，还会诱发各种疾病。

（2）保育猪的体温调节功能不发达，特别是在断奶后，断奶当天要提高舍内温度，转群前应对保育舍提前预热，当天舍内温度控制在 28℃左右即可。由于保育猪日龄和体重过小，所以特别容易惊群，即应激大。特别是在转群、免疫时要尽可能避免应激，转群时要大小分开，有条件的尽可能原圈饲养。并注意饲料的过渡。

（3）母源抗体消失，抗病能力下降，仔猪在断奶后，由母乳中传递的母源抗体停止供应，母源抗体在体内慢慢消失，新的免疫系统尚未建立，是猪一生中最脆弱的生理阶段，最易为各种病原侵袭而致病对疾病高度易感性。由于仔猪在断奶时基本失去了母源抗体的保护，自身的主动免疫力还未建立起来，因此极易感染传染性胃肠炎、圆环病毒病等疾病。

（4）应激因素多，应激就是不舒服，单纯或小的应激不会对猪造成大的影响，但应激的集中出现或强烈的应激会降低猪的抗病能力，使本来不完善的免疫系统加重负担。断奶期间的应激因素有多种，如离开母猪、转入新环境，由母乳变为固体饲料，温度变化，抓猪、运输、疫苗注射、合群时殴打等。

（5）仔猪消化系统功能不健全。仔猪在断奶时，其消化系统还很不完善，

如消化酶的分泌很少，激活胃蛋白酶活性的胃酸分泌也很少，小肠和大肠消化功能很弱等。如果在由母乳向固体饲料过渡时处理不好，很有可能出现饲料无法消化，甚至损害消化道功能，出现严重的腹泻和掉膘。

（6）适应能力差，仔猪在产房时，是在人为提供的优越环境中度过的，比如有保温箱，温度比较容易控制，产仔舍空间相对较大，空气质量较好等。仔猪保育初期还没有很好的环境应变能力，一旦出现环境突变，易出现不适应，甚至出现发病情况。

（7）饲料变化频繁，营养落差大。在保育期间，仔猪饲料从易消化的动物饲料为主变为植物饲料为主，营养物质差异较大，这对仔猪来说是巨大的应激，每一次换料处理不好都会带来严重伤害。

（8）对疾病的易感性高，由于断奶而失去了母源抗体的保护，而自身的主动免疫能力又未建立或不坚强，对传染性胃肠炎、萎缩性鼻炎等疾病都十分易感。某些垂直感染的传染病如猪瘟、猪伪狂犬病等，在这时期也可能暴发。

（三）生长发育快

这期间仔猪的食欲特别旺盛，常表现出抢食和贪食现象，称为仔猪的旺食时期。若是饲养管理得法，仔猪生长迅速，在 40 ～ 60 日龄体重可增加 1 倍，不然易发生水肿病、副伤寒等多种疾病。生长发育快，保育猪食欲特别旺盛，常有抢食暴食现象，称为猪旺食期。如果饲养管理得当，仔猪生长迅速，日增重 500g/d 以上。

二、保育猪的生产指标与营养需求

断奶是仔猪出生后遭受的第二次大的应激。其营养来源由全部或部分依赖液状的母乳变为全部依赖固态的饲料，胃肠道的消化酶由分解乳蛋白、乳糖与乳脂肪的酶变成要分解玉米、豆粕、鱼粉等一般原料的酶，造成营养吸收消化不良，再加上环境、温度、密度等变化，极易造成仔猪下痢或生长停滞。

（一）断奶仔猪的饲料特点

（1）一定高剂量的铜具有促生长价值，在仔猪日粮中添加铜可调节仔猪的胃肠活动，合适的铜离子浓度会激活胃蛋白酶，并提高胃蛋白酶的消化机能，增强对蛋白质的消化能力，因而起到促进仔猪生长发育的作用。作为猪只的促生长剂，硫酸铜的使用已经较为普遍。研究表明，按 125 ～ 250mg/kg 水平的铜（每吨饲料 0.454 ～ 0.908kg 硫酸铜）添加入仔猪日粮中，生长和饲料效率得到改善，死亡率下降，猪日增重可提高 8%，饲料效率可提高 5.5%。

（2）必须强调的是，250mg/kg 是仔猪料中加铜量的极限值，超过这一极限，就会导致仔猪铜中毒，引起肝铜积聚、代谢紊乱，生长速度迅速下降乃至死亡率增加。特别是在日粮中锌和铁含量较低的情况下，更易中毒。因此，铜在仔猪料中不能超量添加，不过在使用预混料、浓缩料、全价料时大部分饲料厂都会考虑这些问题，作为养殖场只管饲喂即可。

（二）保育猪的饲养管理（15 ~ 30kg）

无论是自繁自养，还是从市场上购买仔猪育肥，在进猪前 1 周必须对空栏舍进行彻底清洗、消毒，并备足相应的饲料。

1. 合理分群

强弱大小分栏饲养，每栏仔猪体重接近。如果不是采用工厂化流程饲养方式，一直饲养到出栏仍在原栏，按每头猪占 $0.9m^2$ 的面积计算每栏饲养头数。最多每栏在 15 头左右，过多拥挤易发生咬尾、咬耳现象，不利于猪的生长。

2. 喂料

对自繁自养转群的断奶仔猪，饲料要逐步更换，并栏半个月内仍用乳猪料，1 周后按 1/3、1/2、3/1 的比例逐步过渡用小猪料。饲喂次数由原来的日喂 5 次过渡到日喂 3 次。日用料量按体重 5% 计算。再按日喂次均分每次喂量。如在 1h 内不能吃完，应清扫回收。下次可减量。

3. 优质饲喂

对从市场或其他猪场购买的仔猪，可喂给含粗蛋白质 18%、消化能 3 200kcal/kg 的仔猪料（颗粒料或自配料）。自配粉料须拌湿喂之。若无自动饮水器，饲槽内放清洁的水，刚进栏的猪可适当在饮水中加入多维。

4. 做好日常管理

（1）每日早、中、晚观察仔猪精神状态、呼吸、采食、粪尿等情况，发现病情立即向兽医汇报，尽快治疗，并按兽医要求加强饲养管理，必要时隔离治疗。

（2）调教。使仔猪做到三定（吃、睡、排粪定地点）。为使排粪尿定地点，在分栏时把仔猪粪便放在每栏定点位置。通过 3 ～ 5d 调教，基本都能做到定点排粪尿。既便于粪便清扫，又能保持猪舍干净。

（3）每日必须清扫 3 ～ 4 次栏舍，保持栏舍内干净卫生。夏天应在 9:00 左右冲刷猪舍，每周消毒 1 次。

（4）注意保温。断奶仔猪适宜温度 25 ～ 26℃。复式猪舍比较容易达到该温度，单列式猪舍要采取适当的措施保温，复式猪舍应注意通风。

（5）从市场上购买的仔猪，在第 10d 左右注射亚硒酸钠 VE 针：1mL/ 头。

（6）对未去势的小公猪进行去势。

5. 做好防疫、驱虫

在断奶饲养阶段、必须完成各种传染病疫苗的防疫注射，使猪只对各传染病产生免疫力，则仔猪顺利生长，有健康的体质，也为以后的管理打下坚实的基础。

（1）自繁自养（或规范化猪场）都有规定的免疫程序，对未完成的免疫，按规定日期继续执行。

（2）从市场上购买的仔猪，在饲养第 1 周内，应立即进行猪瘟疫苗防疫，4 头份 / 头。1 周后再分别进行猪丹毒、猪肺疫、仔猪副伤寒苗防疫。按疫苗说明书剂量注射（口服）。为提高免疫力，也可对其他猪场购进仔猪再进行 1 次防疫。70 日龄进行链球菌病疫苗防疫 1 次。80 日龄（每年 4 月、9 月）进行口蹄疫苗防疫 1 次。

（3）经常进行观察发现病猪及时隔离治疗，死亡猪只解剖后进行深埋。

（4）各疫苗防疫结束，待猪只一切正常，对猪进行驱虫，驱除体内外寄生虫。可选用虫克星、阿维菌素、伊维菌素、左旋咪唑、敌百虫、肥猪散、六合一（含有中药绵马、贯中、槟榔等成分）。驱虫 1 次后过 1 周左右再重复驱虫 1 次，也可更换不同驱虫药。驱虫时必须及时清除粪便（或冲刷栏舍），防止排出体外的线虫和虫卵被猪吞食，影响驱虫效果。驱虫后再消毒 1 次则效果更好。

第三节　生长育肥猪的生理特点与营养需求

一、生长育肥猪的生理特点

根据育肥猪的生理特点，按猪的体重将其生长过程划分为两个阶段，即生长期和育肥期。

（一）生长期

体重 20 ～ 60kg 为生长期。此阶段猪的机体各组织、器官的生长发育功能不很完善，尤其是刚刚 20kg 体重的猪，其消化系统的功能较弱，消化液中某些有效成分不能满足猪的需要，影响营养物质的吸收和利用，并且此时猪只胃的容积较小，神经系统和机体对外界环境的抵抗力也正处于逐步完善阶段。这个阶段主要是骨骼和肌肉的生长，而脂肪的增长比较缓慢。

（二）育肥期

体重60kg至出栏为育肥期。此阶段猪的各器官、系统的功能都逐渐完善，尤其是消化系统有了很大发展，对各种饲料的消化吸收能力都有很大改善；神经系统和机体对外界的抵抗力也逐步提高，逐渐能够快速适应周围温度、湿度等环境因素的变化。此阶段猪的脂肪组织生长旺盛，肌肉和骨骼的生长较为缓慢。

二、生长育肥猪的营养需要

生长育肥猪的经济效益主要是通过生长速度、饲料利用率和瘦肉率来体现的，因此，要根据生长育肥猪的营养需要配制合理的日粮，有限度地提高瘦肉率和肉料比。

动物为能而食，在一般情况下，猪日采食能量越多，日增重越快，饲料利用率越高，沉积脂肪也越多。但此时瘦肉率降低，胴体品质变差。蛋白质的需要更为复杂，为了获得育肥效果，不仅要满足蛋白质量的需求，还要考虑必需氨基酸之间的平衡和利用率。能量高使胴体品质降低，而适宜的蛋白质能够改善猪胴体品质，这就要求日粮具有适宜的能量蛋白比。由于猪是单胃杂食动物，对饲料粗纤维的利用率有很大改善；神经系统和机体对外界的抵抗力也逐步提高，逐渐能够快速适应周围温度、湿度等环境因素的变化。此阶段猪的脂肪组织生长旺盛，肌肉和骨骼的生长较为缓慢。

三、生长育肥猪的高效饲养措施

（一）合理的饲料搭配

猪的饲料是猪肉生产的重要基础，不同的饲料搭配会对育肥猪的生长发育产生不同的影响。一般来说，育肥猪的饲料应以高能量、高蛋白、低纤维为主，可适量加入益生菌，拌入饲料中，可调理猪的胃肠道，提高猪的食欲，这样能够让猪获得足够的营养，以保证猪的正常生长发育。此外，在饲料的搭配上，还要注意猪的食欲，尽量保证猪的饮食习惯和口感。

（二）适量的水分摄入

猪的身体中含有大量的水分，而水分的摄入对于猪的生长发育也是非常重要的。因此，在喂养育肥猪时，一定要保证猪的饮水充足，并且要定时更换水源，以保证水质的清洁卫生。电解多维加入水源中让猪饮水，可补充维生素、矿物质和微量元素，增强猪的免疫力。

（三）合理的饲养环境

育肥猪的饲养环境也是影响猪生长发育的重要因素。在饲养过程中，要保持猪舍的清洁卫生，空气流通，温度适宜，避免过度拥挤，以保证猪的健康生长。

（四）适当的运动

猪的运动量也会对其生长发育产生影响。适度的运动可促进猪的血液循环，增加食欲，增强体质，从而促进猪的生长发育。因此，在饲养育肥猪时，要保证猪舍的空间足够，让猪有足够的运动空间。

四、生长育肥猪的高效环境控制措施

（一）适宜温度、湿度

不同时期的育肥猪，对温度和湿度的要求有所不同。育肥猪体重 60kg 以前，适宜温度为 16 ～ 22℃；体重在 60 ～ 90kg，适宜温度为 14 ～ 20℃，最低不低于 12℃；体重在 90kg 以上，适宜温度为 12 ～ 16℃，最低不低于 10℃。如果育肥猪长期在高温环境下，应采取降温措施，保持湿度适中。另外，适合猪生长的环境湿度在 60% 左右，平时要注意给养猪场通风，保持一定的干燥度。

（二）地面面积

夏季育肥猪身体热量高，造成猪高温应激，应提供每头猪合适的猪舍面积，适当减少猪舍内育肥猪的数量，饲养密度不宜过大，保持每头育肥猪的占地面积在 1 ～ 2m^2。

（三）猪舍通风

及时清除猪舍内的粪尿，经常通风换气，创造一个空气新鲜、温湿度适宜、干暖舒适的猪舍环境。良好的猪舍环境有利于提高猪的食欲，减少猪生病，提高猪的增重速度和饲料转换率，创造较高的经济效益。

（四）饲料设备

猪采食饲料通常使用自动化料线设备，饲料从料房直接到猪的料槽内，整个过程不与任何人员接触，减少污染，减少饲料浪费。使用自动化料线，自动上料下料，育肥猪可以自由采食，满足育肥猪对饲料的需求。

第七章

猪病高效防控措施

第一节　猪场免疫程序影响猪的出栏时间

一、疫苗的种类

目前已知的猪用疫苗概括起来分为活苗、死苗、代谢产物疫苗和亚单位疫苗，以及生物技术疫苗。其中生物技术疫苗包括基因工程亚单位疫苗、合成肽疫苗、抗独特性型疫苗、基因工程活疫苗和DNA疫苗。

（一）活苗

活苗分为强毒苗、弱毒苗和异源苗。

（1）强毒苗是应用最早的疫苗种类，用强毒苗进行免疫接种有很大的危险，但能取得较好的免疫效果，使用过程中强毒苗会在猪群中进行散毒过程，因而也应慎重考虑负面影响。

（2）弱毒苗是养猪生产中常用的疫苗种类，虽然弱毒力已经致弱，但仍然保持着原有的抗原性，并能在体内繁殖，因而可用较少的免疫剂量诱导产生坚实的免疫力，而且不需使用佐剂，但弱毒苗在储存和运输方面不方便，因为弱毒苗保存期较短，如果将其制成冻干苗可以延长保存期，但目前还没有很好地解决冻干技术问题，因此在一定的程度上局限了弱毒疫苗的应用。

现在大多数弱毒苗是通过人工致弱强毒而成，致弱方法是使强毒株在异常的条件下生长繁殖，使其毒力减弱或丧失，病毒疫苗弱毒株通常用鸡胚、细胞培养或实验室动物接种传代制成，致弱后的疫苗株毒力稳定，但毒力易返强，因此应用高代次的疫苗株的疫苗严防毒力返强，降低返强毒力在猪群的散毒过程。

（3）异源苗是用具有共同保护性抗原的不同种病毒制备成的疫苗。

在活疫苗使用中，应引起注意的问题是活疫苗会出现异种微生物或同种强毒污染的危险，经接种途径人为地传播疫情，这方面的问题应得到应有的重视。

（二）死苗

病原微生物经理化方法灭活后，保持免疫原性，接种后使动物产生特异性抵抗力，这种疫苗称为死苗（灭活苗）。

由于灭活苗接种后不能在猪群体内繁殖，因此使用接种剂量大，免疫保护时间较短，接种疫苗是为了增强灭活苗的功效，需加入适当的佐剂来提高免疫效果。目前，猪群常用的死苗分组织灭活苗、油佐剂灭活苗和氢氧化铝胶灭活苗。

（1）组织灭活苗就是典型的病变组织，经碾磨、匀浆和过滤后按一定比例稀释并加入灭活剂制备而成的一种疫苗，这种疫苗通称为自家苗。

（2）油佐剂灭活苗是以矿物油为佐剂和已经灭活的抗原液混合乳化制备而成，油佐剂灭活苗有单相苗与双相苗之分。单相苗是油相和水相（抗原液）按一定比例制成油包水乳剂，双相苗是在制成油包水乳剂的基础上，再与水相进一步乳化而成的，外层是水相，内层是油相，中心为水相的剂型，油相中除矿物油外，还需要加入乳化剂和稳定剂。油佐剂灭活苗的免疫效果较稳定，目前在养猪生产中得到了广泛应用。

（3）氢氧化铝胶灭活苗是将灭活后的抗原液加入氢氧化铝胶制作而成。铝胶苗用于猪群免疫效果良好，但其缺点是难以吸收，在体内易形成结节，所以接种时要求深部注射。

（三）代谢产物疫苗

代谢产物疫苗是用细菌的代谢产物（毒素或酶）制作而成的疫苗，经过甲醇灭活后制成的类毒素有良好的免疫原性，可做成主动免疫制剂。如致病性大肠杆菌毒素、多杀性巴氏杆菌的攻击素和链球菌的扩散因子等都可以用代谢产物疫苗。

（四）亚单位疫苗

亚单位疫苗是将病毒的衣壳蛋白与核酸分开、除去核酸用提纯的蛋白质衣壳制成的一种疫苗。该苗的特点只含有病毒的抗原成分，无核酸，因而无不良反应，使用安全，而且效果较好。已报道成功的亚单位疫苗有猪口蹄疫、猪流感和伪狂犬等亚单位疫苗。

（五）生物技术疫苗

生物技术疫苗是利用制备分子水平的疫苗，包括基因工程亚单位疫苗、合成肽疫苗、抗独特型疫苗、基因工程活疫苗以及DNA疫苗。

1. 基因工程亚单位疫苗

基因工程亚单位疫苗是用DNA重组技术，将编码病原微生物保护性抗原的基因导入受体菌或细胞，使其在受体细胞中高效表达，分泌保护性抗原肽链。提取保护性抗原肽链，加入佐剂制成基因工程亚单位疫苗。已报道成功的口蹄疫和仔猪大肠杆菌菌毛基因工程疫苗。

2. 合成肽疫苗

合成肽疫苗是用化学合成法人工合成病原微生物的保护性多肽，并将其连接到大分子载体上，再加入佐剂制成的疫苗。合成肽疫苗的优点是可在同一载体上连接多种保护性肽链或多个血清型的保护性抗原肽链，这样只要一次免疫就可以预防几个血清型。目前，研制成功的合成肽疫苗还不多。

3. 抗独特型疫苗

抗独特型疫苗是指与某一抗原免疫应答有关，能与抗原发生特异性反应的一组细胞及其 T 细胞因子和抗体所具有的抗原特异性原理制成的疫苗称为抗独特型疫苗或内影像疫苗。抗独特型疫苗不仅能诱导体液免疫，亦能诱导细胞免疫，并不受主要组织相容性复合体（MHC）的限制，而且具有广谱性，即对易发生抗原性漂变的病原能提供良好的保护力。

4. 基因工程活疫苗

基因工程活疫苗分基因缺失苗和活载体疫苗两种。

（1）基因缺失疫苗是基因工程技术将强毒株毒力相关基因切除构建的活疫苗，该苗安全性好、不易返祖；其免疫接种手段与强毒感染差不多，机体可对病毒的多种抗原产生免疫应答；免疫力期长，并且效果坚实，尤其是适于局部接种，诱导产生黏膜免疫力，因而是较理想的疫苗选择。

（2）活载体疫苗是用基因工程技术将保护性抗原基因（目的基因）转移到载体中使之表达的活疫苗。活载体疫苗具有传统疫苗的许多优点，而且又为多价苗和多联苗的生产开辟了新的方向。

5. DNA 疫苗

DNA 疫苗这是一种最新的分子水平的生物技术疫苗，应用基因工程技术把编码保护性抗原的基因与能在真核细胞中表达的载体 DNA 重组，这种目的基因与表达载体重组 DNA 可直接接种到猪群的体内，目的基因可在猪群体内表达，刺激机体产生体液免疫和细胞免疫。

（六）多价菌与联苗

多价菌是指将同一种病毒或细菌的不同血清型混合制成的疫苗。联苗是指由两种以上的病毒或细菌联合制成的疫苗。多用于育肥猪群达到一次免疫预防几种疾病的目的。

二、典型猪场疫苗的种类

（一）猪瘟疫苗（必免）

1. 猪瘟疫苗

作为最早免疫且免疫效果较好的一种疫苗，国内几乎 100% 的猪场都免疫，这也是国内科学家引以为豪的一个疫苗，中国的猪瘟 C 株，被广泛应用于全球猪瘟的免疫与净化。超前免疫也是给猪进行疫苗接种的一个主要方法。主要是在仔猪吃初乳时就对其进行接种疫苗。进行超前免疫则是为了避免疫苗受到母源抗体的影响，保证疫苗毒能够尽早占领病毒复制的靶位，使仔猪能够尽早刺激，在体内产生基础免疫。进行超前免疫主要是为了接种猪瘟疫苗，减少猪瘟的危害。

2. 疫苗种类

普通细胞苗、传代细胞苗、脾淋苗、E2 基因缺失疫苗，普通细胞苗面世较早，由于异源细胞培养和抗原含量低，现在多数被传代细胞苗取代。脾淋苗由于需要家兔传代弱化，批次间存在不稳定因素，但是其抗体产生快，紧急接种效果很好。E2 基因缺失苗是近几年推出的猪瘟新疫苗，由于价格较高，没有很好地推广，比较适合未来猪瘟病毒净化使用。

3. 推荐疫苗

推荐正常免疫选择传代细胞苗，紧急接种治疗选择脾淋苗，未来猪瘟净化选择 E2 基因缺失疫苗。

4. 免疫程序

母猪，一刀切，每年 4 次，每次 2 头份。仔猪，断奶前后首免 1 头份，55 ～ 65 日龄二免 1.5 头份，如果二次育肥，二免后间隔 2 个月三免疫疫苗操作，一人免疫，一人保定。

（二）伪狂犬疫苗（必免）

1. 伪狂犬疫苗

伪狂犬疫苗也是猪场必须免疫的一种疫苗，2011 年后国内出现伪狂犬变异株（基因型），导致原来的自然基因缺失株 Barthak-61 保护力不足，国内伪狂犬野毒感染阳性率直线上升，按照目前国内流行病学统计，60% 以上的母猪群可能是伪狂犬野毒阳性猪。

2. 疫苗种类

单基因（gE）缺失，如 Barthak-61，双基因缺失株，如 Tk、gE 缺失，三基因缺失株，如 HB-98/HB-2000、SA215、C 株等，四基因缺失株，如 TK、gE、RR、gG。

3. 推荐疫苗

Barthak-61，HB-98，非变异株猪场免疫前者，变异株猪场免疫后者。

4. 免疫程序

母猪，一刀切，一年 3 ～ 4 次，每次 2 头份。仔猪，出生 12h 内滴鼻，每个鼻孔 0.5 头份，50 日龄二免，1.5 头份，120 日龄三免，1.5 头份。后备母猪配种前免疫 2 次，间隔 1 个月以上，1.5 头份。猪场使用连续注射器免疫疫苗。

（三）口蹄疫疫苗（必免）

1. 口蹄疫疫苗

口蹄疫疫苗也是猪场必须免疫的一种疫苗，商品苗上市给口蹄疫防控减轻压力。目前口蹄疫主要威胁是心肌炎，其他临床表现可以逐步耐受和恢复。因此，在疫苗免疫后要结合饲养管理、抗炎措施，减少病死率。

2. 疫苗种类

O 型灭活苗，O-A 二价苗，合成肽疫苗，这 3 种是目前市场上免疫的主流疫苗，O 型灭活苗是最早的一种疫苗，免疫效果一般，免疫应激大。二价苗属于商品苗，免疫效果不错，可以作紧急免疫使用。合成肽疫苗，免疫应激小。

3. 疫苗推荐

O-A 二价商品苗。

4. 免疫程序

母猪大多数有抗体，规模场建议必须免疫，一刀切，一年 3 次，每次 1 头份；散养户猪场，根据当地流行情况而定。仔猪 45 日龄首免，1 头份，间隔 30d 二次免疫，1 头份，二免疫可以选择。后备母猪配种前免疫 1 ～ 2 次，每次 1 头份。

（四）腹泻二联疫苗（可选）

1. 腹泻二联疫苗

由于疫苗免疫效果问题，有猪场提出异议，建议规模场必免，散养户根据情况而定。如果猪场发生过流行性腹泻，免疫效果还是不错的。

2. 疫苗种类和推荐

CV777 毒株和地方分离株，建议选择地方分离株，同源性更高。

3. 免疫程序

母猪跟胎，产前 40d 活苗，产前 20d 死苗。后备母猪配种前免疫 1 次，1

头份。腿部肌内注射免疫疫苗。

（五）蓝耳疫苗（可选）

1. 蓝耳疫苗

蓝耳疫苗是争议性比较大的一个疫苗，疫苗免疫应激大，母猪免疫后有流产表现，免疫强毒株 2 ～ 3 年后，毒株有返强的现象。口碑反馈不同，猪场需根据自身情况选择免疫。

2. 疫苗种类和推荐

经典毒株和高致病毒株，共 7 大疫苗毒株，目前猪场免疫较多的是经典毒株和天津株。建议选择经典毒株，或者减毒天津株。

3. 免疫程序

鉴于蓝耳疫苗的免疫应激问题，建议跟胎免疫，母猪产后 10 ～ 20 日龄免疫，每头母猪 1 头份。仔猪 14 日龄免疫 1 头份。后备母猪配种前免疫 1 次，1 头份。

（六）圆环疫苗（必免）

1. 圆环疫苗

猪场圆环感染率较高，但是不一定发病，主要引起断奶仔猪多系统消耗综合征。圆环疫苗是一个经济性疫苗，投入产出比较高，建议必须免疫。

2. 疫苗种类和推荐免疫程序

圆环分为亚单位疫苗和不同毒株和表达方式的灭活苗，如 LG、CP-08、SX-07、SH、WH、ZJ/C、YZ 毒株，推荐免疫亚单位疫苗。

3. 免疫程序

母猪选择免疫，仔猪 14 日龄免疫，1 头份，后备母猪配种前免疫，1 头份。

（七）细小疫苗（必免）

细小病毒主要影响前三胎母猪，导致母猪繁殖障碍性疾病，如木乃伊胎，后备母猪和前三胎母猪必须免疫。

免疫程序：后备母猪配种前免疫两次，1 头份，间隔 20d 以上。前三胎母猪，产后 14d 免疫 1 次，1 头份。

（八）乙脑疫苗（可选）

乙脑主要造成母猪繁殖障碍，如死胎、木乃伊等，蚊虫活跃季节高发。一般选择每年春季和秋季时免疫，规模化猪场一般都要免疫，散养户可选。

（九）支原体（必免）

支原体疫苗大家防控意识不强，近几年很多猪场都存在支原体问题，造成保育、育肥猪咳喘严重。从经济效益来分析，建议免疫。母猪不必免疫，仔猪根据疫苗种类，3 ～ 14d 内免疫，1 头份。

（十）细菌苗

链球菌、副猪、丹毒、肺疫、大肠杆菌等细菌性疫苗，理论上不推荐免疫，如果猪场相应疾病控制不住，可以选择适当免疫，后期根据情况停掉。

三、疫苗的接种方法

（一）皮下注射

很多疫苗都是皮下注射的接种方法，养殖户都很熟悉，毕竟人也是要接种疫苗的，人接种疫苗的方式也是以皮下注射为主。

疫苗被注射器打入皮下组织，被毛细血管吸收进入血液，最后到达淋巴组织，产生免疫反应，在皮下注射疫苗时，皮下组织吸收的速度比较慢，所以油类疫苗不适合皮下注射。皮下注射是猪接种疫苗的一个常用方法，大部分疫苗都是通过皮下注射进行接种免疫的。皮下注射主要是通过疫苗将其注射到猪的皮下组织，然后猪皮下组织内的毛细血管将其吸收到血液当中，再通过血液循环到达淋巴组织内，使猪产生一种免疫反应。在进行皮下注射时，其部位大都是在耳根皮下。不过需要注意的是，皮下组织的吸收比较缓慢，所以油类疫苗不宜进行皮下注射。

（二）肌内注射

肌内注射与皮下注射相似，但是肌内注射所需要的针头要长，因为肌内注射是要把疫苗打到肌肉中，如果针头不长，疫苗可能进入不到肌肉中。

（三）滴鼻法

滴鼻通常用在给猪接种伪狂犬疫苗上，这种方法就是用注射器将疫苗滴入猪的鼻孔内，养殖户用手指轻轻按摩猪的鼻孔，帮助疫苗更快、更好地吸收。

（四）鼻腔喷雾法

鼻腔给药雾化装置，可以将液体药剂转化为雾状分子，然后将疫苗喷洒在猪的鼻腔当中，猪在呼吸时就会将疫苗吸入体内。

（五）口服接种

口服接种就是把药物加入水中或者料中，让猪饮用或食入，这种方法最简单，也最省事，但是现在使用的并不多，是因为消化道的温度、肠胃的酸碱度会影响到疫苗的效果。

（六）皮肤划痕法

皮肤划痕法就是将疫苗涂抹在猪的皮肤上，然后用划痕器在涂抹的部位划出一道浅浅的刮痕，让疫苗通过这道刮痕，渗入皮下组织当中。

（七）其他注射法

气管内注射或者肺部注射，用在猪喘气病的疫苗接种上。

（八）穴位注射

如果养殖户要给猪注射预防腹泻疾病的药物时，可以使用后海穴注射的方法，能够起到比较好的免疫效果。

四、疫苗免疫的注意事项

一刀切和跟胎走。一刀切就是每年固定免疫，3 个月 1 次，一般针对的是免疫应激较小、免疫效果好的疫苗，如猪瘟、伪狂犬等。跟胎走是指在母猪产前或者产后免疫，比如腹泻二联疫苗，一般在产前 40d 和产前 20d 免疫，细小病毒疫苗一般在前三胎母猪，产后 14d 免疫。

（一）免疫前保健提高免疫效果

一般免疫疫苗前会对猪群进行一次保健，降低病毒活跃带来的免疫应激，同时对于眼屎、泪斑等亚健康猪群进行保健，提高免疫效果。

（二）免疫应激处理

不要出现免疫应激就想使用肾上腺素、地塞米松，可以通过按照母猪心脏部位、对折仔猪双腿间接压迫心脏等操作来缓解疫苗应激。

（三）疫苗三不免

猪群发病期、阴雨天气时、母猪配种后和产前不进行疫苗免疫。

（四）注射前的准备

（1）按猪的大小、肥瘦、注射种类和药量，选择适宜的注射器及针头，以及消毒药和所需用品。

（2）检查注射器是否有破损，金属注射器橡皮垫是否密封，松紧度调节是否合适，针头是否堵塞、锐利，与针管的结合是否严密。

（3）所有注射用的器具，用前须清水洗净，并煮沸消毒或高压消毒。

（4）抽取药液前，先检查药品是否过期，有无混浊、沉淀、变质，两种以上药液混合注射，应注意有无配伍禁忌。

（5）抽完药液后，在注射之前应先排出针筒内空气和气泡，并调节好控制注射量的螺旋。

（6）根据猪的大小、是否妊娠，不同的注射方法，采取不同的保定措施，要求保定安全、可靠、方便。

（7）注射前对局部剪毛、消毒；注射后拔出针头再次消毒和压迫注射针孔，严格遵守无菌操作。

（五）给猪打针注射方式

1. 肌内注射（猪的注射部位）

（1）耳根后方的颈侧。

（2）臀部靠近髋骨（十字骨）的上方。注射点不要向后下方移，防止刺伤坐骨神经。一旦刺伤坐骨神经，同侧后肢立即拖地而行，不能负重而残废。肌肉内血管丰富，吸收药液较快，水剂、乳剂、油剂都可以肌内注射。

（3）因猪皮下有较厚的脂肪层（肥膘），而脂肪层内血管很少，如将药液注射在其内，很难被吸收，不仅不能发挥治疗作用，而且延误了病情。故作肌内注射时，一定要根据猪的大小、肥瘦，选用一定长度的针头。原则是针头的长度应大于猪的皮厚加脂肪层的厚度，才能保证将药液注射在肌肉内。

（4）做好保定，不要打“飞针”。15kg 以内的猪，可由助手双手分别握两前肢提起保定。15kg 以上的猪，可用一门板将猪栏至猪栏的一角，使群猪相互挤在一起，无法移动，这样每注射 1 头，在其两耳之间的脑顶上作一带颜色的记号，以免重注和漏注。这种方法简单方便，又便于注射，节省劳力，针头也不易弯折。

2. 皮下注射（皮肤表面注射部位）

（1）将药液注入皮下结缔组织内，经毛细血管、淋巴管吸收而进入血液循环，再送至各组织器官。故吸收较慢，一般需经 5 ～ 10min 呈现药效。故注射药量过多时，应分点注射。

（2）猪多选择大腿内侧皮薄而皮下较疏松处，用较细长的 5 号、7 号、9 号针头注射。

（3）注射时先用左手将皮肤捏起，使成一皱格，再右手持针从皱褶基部插入针，并将针头轻轻拨动，如感十分轻便，证明针头在皮下，可注药，注完后，拔出针头时，用棉球压住针孔，轻轻揉按。

3. 耳静脉注射

（1）静脉注射能迅速发挥药效，能容纳大量药液，而且能耐受刺激性较强的药液（九一四、氯化钙等）。少量药液，可用注射器直接推注，但速度宜慢，严防过快。多量药液则将药液装入 50mL 葡萄糖瓶内，并以输液管和针头连接。

（2）猪多采用耳静脉注射。猪静脉注射的难点，并不是静脉注射的本身，而是猪的保定是否确切、安全。

（3）35kg 以内的猪，多采用横卧保定。先将猪侧卧在平坦的地面，一人抓住两后肢下部向后方拉紧，另一人用手或膝盖跪压住猪的颈侧部；较大的猪则先关入称猪笼内，注射时，从笼顶部间隙抓出猪耳进行静脉注射。此法对种公母猪，特别是怀孕母猪十分适用。

（4）静脉注射前，先洗净猪耳，抹平后消毒处理，由助手用手指捏住耳根部静脉血管处，或用绳子绕耳根部一圈结一活结拴紧，使耳静脉管充盈、怒张。如果阴雨天、猪舍内光线不太好，可用手电筒抵在猪耳腹侧面，开灯后，从耳背侧看静脉血管十分清晰。

（5）术者左手把住猪耳，将其托平并使耳尖稍抬高，右手持针，使针尖与皮肤呈 30° ～45° 角刺入皮肤及血管内，轻轻回抽注射器见有回流血液，此时用左手手指连同猪耳一起上下捏住在血管内针尖后方的针头，这样可防止猪骚动时，致针尖左右摆动，刺破血管壁。注药前，先松开压耳根手指或解开拴绳的活结，注射完毕后，拔出针头，用消毒棉球压迫针孔处，待不出血为止。

4. 腹腔注射

多用于仔猪。因腹腔能容纳大量药液，并有较好的吸收能力，故可一次注入多量药液。但必须是无刺激性的药液，天气寒冷又注入药液量较多时，须将药液加温到 38 ～ 39℃。如果较大的猪，因病致耳部发绀，无法看清血管时，也可做腹腔注射。

仔猪可提起两后肢保定，较大的猪可使其仰卧，呈后高前低姿势。注射前先抖动猪后肢，使肠管向前部移，然后剪毛消毒。

注射部位在倒数第二乳头外侧。针头最好选用细长针头，注射前先将皮向一侧移开点，再与皮肤呈垂直刺入针头，这样皮肤上的针孔与腹肌、腹膜上的针孔就不在一直线上，可防腹腔感染。针头刺入腹腔后，回抽针芯，看是否有肠内容物，若没有即可注入药液，速度不宜过快，注射后拔出针头，消毒。

5. 胸腔注射

多用于治疗气喘病、胸膜肺炎，而将某些药物直接注入胸腔内，兼起局部治疗作用；此外，还作猪气喘病疫苗注射用；亦可用来采取胸腔积液，供实验室诊断用。

注射部位在右侧胸壁，倒数第 6 ～ 7 肋间与坐骨结节向前作一水平线的交点（即“苏气穴”）。沿倒数第 6 肋前缘与胸壁成垂直插入细长针头。注射前需先剪毛消毒，再插入针，回抽为真空，缓慢注入药液，消毒局部。

6. 穴位注射

这是一种中西医结合的治疗方法，既含有中医的针刺穴位，调节动物机体的生理功能，又有西医的药物治疗作用。

（1）交巢穴注射。用于治疗各种原因的腹泻、麻醉直肠及阴道、减少猪的努责、注射猪传染性胃肠炎和流行性腹泻二联灭活苗用。交巢穴位于尾巴提起后尾根腹侧面与肛门之间的凹陷的中心点。

注射针头宜选长针头，注射前先用酒精消毒，针头与皮肤呈垂直平稳刺入，严防针尖朝上或朝下，朝上则刺到尾椎骨上；朝下则刺入直肠内，不仅使注射无效，还损伤了直肠。注射后消毒。

（2）增食穴注射。用于治疗猪消化不良，食欲不好，厌食。增食穴位于猪耳后方无毛区向下的凹陷内，左右各一穴。往前消毒，针头垂直皮肤刺入约 75px 即可。药液用得最多的有：10% 葡萄糖液、10% 樟脑磺酸钠、新斯的明、复合维生素 B 等药物。

（3）百会穴注射。用于治疗后肢麻痹、腰胯痛、泌尿生殖道感染等。

百会穴位于腰荐十字部凹陷处，一穴。注射前局部剪毛、消毒，针头垂直刺入 3 ～ 100px，注入药液。常用的药有硝酸士的宁、新斯的明、安乃近、庆大霉素、卡那霉素等。

（4）猪卡耳穴。卡耳疗法即将药物埋入猪耳部的卡耳穴治疗猪病的方法，也称为黄疗法，是利用针刺和药物诱导，把猪体内的内黄症诱导出来，激发机体的抗病能力。卡耳疗法中常用的药物是蟾酥和砒石。慢性猪病卡耳越早越好，健康猪卡耳对各种热性病也有一定的预防作用。

卡耳方法：把猪向右侧放倒保定，左手抓紧猪耳，找穴位进行常规消毒，卡耳穴位在耳背侧偏下部（耳中点至耳尖连线 1/2），避开血管。左手食指垫在猪耳内侧，拇指压在耳背侧穴位旁处。右手持宽针，在穴位处的皮下与耳廓软骨之间刺一皮下囊，埋入卡耳霜，手压一下刀口使药不能脱出即可。

埋药量：猪每 25kg 体重用卡耳霜（通关散）0.1g（1 粒绿豆大小或专用药匙 1 匙）即可，重病、久病、复发者，增加埋药量 50%。卡药处理红肿溃烂者，疗效佳。卡耳时，1 次只卡一只耳，如需要第二次卡耳，则须 7d 后再卡另一只耳，每头猪最多卡 2 次。

五、制定免疫程序所考虑因素

免疫接种是防控疾病最重要的手段之一。免疫接种不仅需要质量可靠的疫苗和熟练的操作技术，还需要科学规范的免疫程序，才能发挥出最佳的免疫效果。猪场应根据所在地区或养殖场内猪群疫病的种类、流行情况、抗体水平、生产需要以及饲养管理水平等情况，制定出行之有效的免疫程序。免疫程序不是固定不变的，而应根据免疫效果随时进行调整。在免疫程序实施过程中，应随时观察免疫效果，建立猪群免疫监测机制。现将制定免疫程序时需要重点考虑的几个因素介绍如下。

1. 母源抗体的干扰

在母源抗体水平较高的情况下，仔猪免疫疫苗不仅造成浪费，更重要的是不能刺激机体产生抗体，反而中和了部分具有保护力的母源抗体，使得仔猪面临更大的疾病危机。免疫程序的关键是排除母源抗体干扰，确定合适的首免日龄。最好选定在仔猪体内的母源抗体既不会影响疫苗的免疫效果，又能防御病毒感染的期间。如猪瘟疫苗的免疫，非流行猪场可以在 20～30 日龄实施首免。但对于猪瘟发病场或生物安全措施严重缺陷的猪场，这种免疫程序显然不能有效防止猪瘟的发生，采用超前免疫则更有保障。

2. 本猪场的传染病史

猪的传染病种类繁多、流行快、分布广，猪场在制定免疫程序时首先应考虑当地猪病流行情况和该猪场已发生的传染病、发病日龄、发病频率及发病批次，借此确定疫苗的种类和免疫时机。即免疫的疫病种类，应是主要可能在该地区、该猪场暴发、流行的疫病。

3. 免疫途径

应根据疫苗的类别和特点来选择免疫途径，合适的免疫途径能刺激机体快速产生免疫应答，而不合适的免疫途径则可能导致免疫失败或造成不良反应。如灭活疫苗、类毒素和亚单位疫苗一般采用肌内注射；猪喘气病弱毒冻干疫苗有的采用胸腔内免疫，有的采用喷鼻或肌内注射；传染性胃肠炎和流行性腹泻疫苗采用后海穴免疫；伪狂犬病基因缺失苗对仔猪采用滴鼻免疫效果更好。

4. 季节性预防疫病

有些传染病发病有一定的季节性和阶段性，在制定免疫程序时，需根据这些疾病的发病季节特点来确定，既可避免疫苗浪费和减少人工，也可达到较好的免疫效果。

5. 不同疫苗之间的干扰

不同种类的疫苗，其免疫期与免疫途径也不一样。制定免疫计划时应考虑采用合理的免疫途径及疫苗类型来刺激仔猪机体产生免疫力。为保证免疫效果，对当地比较流行、危害较大的传染病最好单独接种，同时在产生免疫力之前不要再接种对该疫苗有拮抗作用的疫苗，例如，在接种猪伪狂犬病弱毒疫苗时，必须与猪瘟兔化弱毒疫苗的免疫间隔 1 周以上。

6. 免疫必须结合监测

疫病监测主要是对流行严重的传染病、本地区和本季节流行的传染病加强检测，以便了解本场是否存在这些疫病，进而采取有针对性的防控措施。免疫效果监测是对场内使用的疫苗进行免疫效果跟踪，了解各种疫苗在不同猪群，不同阶段抗体的消长情况。根据监测结果，综合分析猪场疫病和所采取的免疫防控措施是否科学合理，并及时调整免疫程序，使免疫程序更加优化，以获得良好的免疫效果。疫苗在免疫后 4 周主动监测免疫是否成功；3 ～ 4 个月监测抗体维持时间。

总之，免疫程序的制定必须因地制宜，因场而定，不能固定或套用某个场的免疫程序。在制定免疫程序时，需要综合考虑多方面的因素；在制定免疫程序后，要结合疫病和免疫效果监测结果，对程序进行调整优化，以达到最佳的免疫效果，让科学合理的免疫为猪场的安全生产保驾护航。

六、常见免疫程序

（一）生长育肥猪的免疫程序

（1）1 日龄。猪瘟常发猪场，猪瘟弱毒苗超前免疫，即仔猪生后在未采食初乳前，先肌内注射 1 头份猪瘟弱毒苗，隔 1 ～ 2h 后再让仔猪吃初乳。

（2）3 日龄。鼻内接种伪狂犬病弱毒疫苗。

（3）7 ～ 15 日龄。肌内注射气喘病灭活菌苗、蓝耳病弱毒苗。

（4）21 日龄。肌内注射猪瘟疫苗。

（5）25 ～ 30 日龄。肌内注射伪狂犬病弱毒疫苗。

（6）35 日龄。肌内注射口蹄疫疫苗。

（7）55 日龄。二免猪瘟疫苗。

（8）75 日龄。二免口蹄疫疫苗。

（二）后备公、母猪的免疫程序

（1）配种前 1 个月肌内注射细小病毒、乙型脑炎疫苗。

（2）配种前 20 ～ 30d 肌内注射猪瘟。

（3）配种前 1 个月肌内注射伪狂犬病弱毒、口蹄疫、蓝耳病疫苗。

（三）经产母猪免疫程序

（1）空怀期。肌内注射猪瘟、口蹄疫疫苗。

（2）初产猪肌注 1 次细小病毒灭活苗，以后可不注射。

（3）头 3 年，每年 3—4 月肌注 1 次乙脑苗，3 年后可不注射。

（4）每年肌内注射 3 ～ 4 次猪伪狂犬病弱毒疫苗。

（5）产前 45d、15d，分别注射 K88、K99、大肠杆菌腹泻菌苗。

（6）产前 45d，肌注传染性胃肠炎、流行性腹泻、轮状病毒三联疫苗。

每年肌内注射 3 ～ 4 次猪瘟、口蹄疫、伪狂犬疫苗。每年 3—4 月肌内注射 1 次乙脑苗。

第二节 合理保健方案缩短出栏时间

一、了解猪群的健康程度

（一）看猪的皮毛

一般健康的猪群皮毛干净柔顺，皮肤光滑红润有光泽。如果猪毛又长又乱，可能就是猪群出现了问题。皮肤粗糙有落屑发痒就要考虑疥癣和湿疹；皮肤有斑点就要考虑猪瘟、猪丹毒、猪肺疫、猪副伤寒等；如有脱毛或秃毛就要考虑皮肤病。

（二）看猪鼻判断健康

一般来说，健康猪的鼻子为湿润清洁的，没有鼻液。如果猪鼻出现干燥或者裂痕，考虑猪是否出现高热或者脱水的问题。如果猪流鼻涕特别多，可能就是感染了风寒，或者感冒。如果鼻涕出现泡沫状，考虑肺水肿或慢性支气管炎。

（三）看猪的尿液和粪便

健康猪粪便柔软，尿液呈淡色或者淡黄色，反之则为病猪，健康猪粪柔软，呈圆锥状，没有特殊气味，如干燥，多为猪体内有高热现象。粪便有各种拉稀，或者大便失禁，可以考虑肠炎，寄生虫等。

（四）看猪的食欲

健康猪食欲很旺，特别是一圈养2头以上的，有争食情况。如喂料时反应迟钝，猪就是生病了，具体情况要根据猪群的状态进行分析。特别是猪不吃料，一定是猪生病了，这时就要及时联系兽医进行猪病治疗。

1. 异常

正常的猪喜欢合群生活。注意那些远离猪群的猪。

2. 食欲

对于群养的猪，出现拒食或食欲下降时，必须予以重视。首先检查是否缺水，如果饮水正常，再检查其他疫病情况。

3. 精神与皮肤

需要学会识别猪的精神状态。精神沉郁、毛发无光泽或皮肤颜色改变的猪。猪皮肤极度苍白可能预示着其患有胃溃疡。全身沾满粪便的猪有可能感觉炎热，并在试图降温。

4. 行为

颤抖、被毛直立是发病的一个重要特征，也是哺乳仔猪链球菌性脑膜炎或关节炎的极早期症状之一。下一次巡视时，对窝内每一头猪检查这一症状。如果相对于其他猪，一头猪出现趴卧、颤抖和毛发竖立，则可能患有全身性败血症（血液有细菌）引起的腹泻或跛行。体重下降是腹泻或肺炎引起的食欲不振或脱水的第一个症状。

5. 鼻和眼睛

鼻或眼睛的分泌物提示有上呼吸道感染。过多的流涎提示发生了外来病，如水疱病。

6. 生殖器

经产母猪，后躯有流出物提示患有阴道炎、膀胱炎、肾炎或子宫内膜炎。

7. 粪便

检查黏液或血液可提示猪痢疾、沙门氏菌感染、胃溃疡或增生性出血性肠炎。便秘可能是乳房水肿和产后无乳综合征等疾病的主要病症。

8. 呕吐

发现呕吐可能是传染性胃肠炎或提示某头猪发生了胃溃疡。对哺乳仔猪而言，由大肠杆菌引发的胃肠炎很常见。注射长效土霉素也会引起猪呕吐。

9. 皮肤

疥螨和虱引起的急性或慢性损伤很容易通过皮肤症状看出。用平坦的手掌触摸猪皮肤能够发现隆起区域的损伤可能是猪丹毒。四肢末端发绀提示急性病毒感染、急性细菌性败血症或中毒等，常见于猪流感病毒，或急性乳房炎或子宫炎。急性肺炎或伴随心包感染的肺炎也可表现出相似的症状。

10. 划痕和皮肤损伤

体表有划痕和疤痕增多，预示着同栏打斗和攻击性增强。在发情时，肩部有划痕，断奶仔猪打斗时伤痕将环绕在头、耳和颈周围。育肥猪打斗则体侧和尾部有咬痕。

11. 呼吸频率

看呼吸状态判断是否存在胸式呼吸或浅腹式呼吸。若呼吸频率高于 40 次 / min，也有可能是猪太热。

12. 死猪

检查死猪的状态和其他特征，如因脑膜炎死亡的猪会在地板上留下划痕。观察死后猪的状态和环境对猪病溯源非常重要。

二、各阶段猪群药物保健方案

规模化养殖群体越大，感染或发病的压力概率越大。在一般情况下，机体的免疫系统可以对大部分病原产生坚强的抵抗力，但在应激反应，如断奶应激、转群应激、冷热应激或霉菌毒素中毒时，原来呈潜伏感染的病毒、细菌等可大量繁殖（或复制），数量增多、毒力增强，就可能引起疾病。即使不发病，动物也会分流一部分营养用于抵抗这些病原体，从而影响生长和繁殖性能。

（一）不同阶段的猪有不同的疾病特点

1. 哺乳阶段

哺乳阶段常发的细菌病有仔猪黄痢、仔猪白痢和仔猪红痢。有时因为剪牙、断尾造成的损伤，可能会促进条件性致病菌，特别是链球菌、葡萄球菌等的感染。

2. 保育阶段

断奶后母源抗体的保护作用降低，而且应激反应频发，仔猪的抵抗力显著降低。断奶后腹泻、蓝耳病、圆环病毒病等引起的混合感染（副猪嗜血杆菌、链球菌病等）、回肠炎、猪丹毒、猪痢疾、附红细胞体等都是常见的疾病。

3. 生长育肥阶段

常见呼吸道疾病综合征、气喘病、胸膜肺炎、回肠炎、猪痢疾、猪丹毒、附红细胞体病等，在一些卫生条件差的猪场，衣原体感染也是常见的疫病。

4. 母猪阶段

母猪最常见的细菌性疾病是繁殖障碍性疾病，如衣原体感染、钩端螺旋体感染、猪丹毒、大肠杆菌感染、克雷伯氏菌感染以及链球菌感染等。

（二）不同季节的疾病特点

1. 寒冷季节易发的疾病

冬季由于气温低，紫外线弱，不容易杀死病毒。因而容易发生某些病毒性疾病，如口蹄疫、流感、流行性腹泻、传染性胃肠炎等。同时寒冷季节猪舍空气质量差，也是细菌性呼吸道疾病多发的季节，常见的疾病有气喘病、呼吸道疾病综合征、放线杆菌胸膜肺炎等。

2. 炎热季节易发生的疾病

由于气温高、湿度大，环境中细菌更容易繁殖，加之一些环境因素的原因，大肠杆菌腹泻、链球菌、猪丹毒等多发，衣原体病，特别是结膜炎型的衣原体感染加剧。

3. 气温、气压变化大的季节

常发生急性胸膜肺炎、巴氏杆菌（或猪肺疫）等。

（三）不同阶段的药物预防

根据疫病的性质和药物的特点，制定用药方案，可称为治疗性预防或预防性治疗。但不同猪场有各自的疾病流行特点，不能完全照搬其他猪场的用药程序和方案。

1. 哺乳阶段

由于哺乳阶段通过饮水或饲料给药比较困难，所以通常采用注射给药的方案用于预防和治疗。可按日龄、管理阶段注射给药。如 1 ～ 3 日龄、7 ～ 10 日龄和断奶时，或在剪牙 / 断尾、阉割及断奶时分别注射长效头孢噻呋 5mg/kg，也可以注射恩诺沙星注射液。

2. 断奶时

母猪和仔猪可注射氟尼辛葡甲胺，减轻断奶应激，同时注射长效头孢噻呋注射液每千克体重 5mg，或者肌注氟苯尼考注射液每千克体重 15mg。

3. 保育阶段

保育阶段是最容易发病的阶段，也是用药量最大的阶段，要综合考虑直接病因和诱因对症治疗。

（1）断奶后腹泻。断奶后腹泻的发生原因有应激、消化不良、大肠杆菌感染等。可在饲料中添加酸化剂或益生菌（如丁酸梭菌、地衣芽孢杆菌等）。

（2）预防断奶后蓝耳病不稳定造成的混合感染。蓝耳病可以引起许多细菌的继发感染，在蓝耳病不稳定的猪场，保育猪细菌性疾病的发病率显著提高，生产性能明显下降，因此需要稳定蓝耳病。20% 替米考星 1kg+20% 氟苯尼考 300g/t 饲料连用 15d 或 10% 泰万菌素 1kg+20% 氟苯尼考 300g 连用 15d 或者 20% 替米考星 1kg+10% 强力霉素 1kg+ 扶正解毒散 2kg 连用 10 ～ 15d。

（3）断奶后多系统衰竭综合征。圆环病毒的预防需要接种 PCV2 疫苗，但混合感染的细菌可用抗生素预防。如在预期发病前，80% 泰妙菌素预混剂 125g+50% 盐酸多西环素 200g（或 20% 金霉素 2kg）+20% 氟苯尼考 300g 连用 7 ～ 10d。

（4）预防保育阶段的链球菌感染。在换料应激、转群应激、环境应激，可通过饮水进行。

（5）净化蓝耳、圆环和附红细胞体是重中之重。养猪场常见的疾病，一般都有疫苗进行预防。但是蓝耳病和圆环病毒因为毒株较多，疫苗只能免疫部分毒株，所以疫苗免疫效果差。这两种病都是免疫抑制疾病，而且一旦发病也都比较麻烦，所以一定要做好预防。尤其是母猪，母猪的很多流产都是蓝耳造成的。很多小猪的呼吸道疾病，背后也都有蓝耳、圆环的影子，这也是母猪传给小猪的。一般给母猪用，每个月用 7d 替米考星，可以起到很好的净化蓝耳圆环，预防各种常见呼吸道疾病和病毒病的作用。在夏秋雨水比较多时，附红细胞体多发，造成混感高热，每个月用 7d 盐酸多西环素进行预防。

（6）猪病恢复时期的补能方案。对于小猪、育肥猪来说，在疾病恢复之后，由于生病期间减料、吸收差等情况，猪的体重会有明显下降，生长发育受损。为了加快猪的生长发育，减少养殖户损失，尽快修复猪群肠道，加快猪的生长发育速度，补充猪生病期间亏欠的体重。

（7）回肠炎的预防。回肠炎的病原体是细胞内劳森菌，慢性型多发于 6 ～ 12 周龄的猪，在发现猪栏内有粪便不成形、含有未消化的饲料成分时，可通过饲料给药进行预防（个别猪发病大群可能感染）。对于回肠炎敏感的药物有泰妙菌素、林可霉素、替米考星、泰万菌素等痢菌净，其中泰妙菌素是首选药。饲料添加 80% 泰妙菌素 80g+50% 强力霉素 150g 连用 10d。猪痢疾的发病日龄是 2 ～ 3 月龄，而敏感的药物相差不多。

4. 生长育肥阶段

此阶段主要预防的疾病是呼吸道疾病综合征（PRDC）、回肠炎、猪丹毒、衣原体感染等。

（1）猪丹毒的预防。任何阶段都可能发生猪丹毒，但一般猪场发生在生长育肥阶段。首选药阿莫西林：在预期发病前。1 ～ 3kg 阿莫西林 10%/t 饲料添加连用 5 ～ 7d，或在个体出现症状后添加。

（2）呼吸道疾病综合征的预防。呼吸道疾病综合征的病原很多，其中肺炎支原体、多杀性巴氏杆菌、胸膜肺炎放线杆菌等是最常见的细菌性疾病。由于不同抗生素的抗菌谱不同，最好采取联合用药的方案。用药时机 12 ～13 周龄、18 ～ 20 周龄。首选的药物泰妙菌素 + 金霉素（多西环素）+ 氟苯尼考 / 泰万菌素 + 氟苯尼考。

（3）回肠炎的预防。生长育肥阶段的回肠炎常发生于 18 周龄前后，预防同上。

三、猪场常用消毒药使用效果对比

（一）酒精

市面上常见的酒精分为 75% 和 95% 两种，消毒效果最佳的浓度为 70% ～ 75%，用酒精浸泡脱脂棉块后，成为常用的酒精棉。酒精具有溶解皮脂、清洁皮肤、杀菌快、刺激小的特点。用于注射针头、体温计、皮肤及手术用具的消毒，是猪场必备的消毒药。

（二）碘酊

9% 碘酊用于外科手术部位、外伤及注射部位的消毒。用碘酊棉球涂抹局部。碘甘油用于黏膜消毒。碘酊对外伤虽有一定的痛感，但杀菌力强，用后不易发炎，并对组织毒性小，穿透力强，是每个猪场和养猪户必备的皮肤消毒药。

（三）龙胆紫（甲紫）

常用 1% 溶液，对组织毒性小，无刺激性，有收敛作用。常用于皮肤和黏膜发炎感染、溃疡面及脓肿排出浓汁之后的消毒。

（四）来苏儿

又称煤酚皂溶液。常用 3% ～ 5% 的来苏儿溶液消毒猪舍、食槽、水槽、用具、场地等，1% ～ 2% 的溶液用于手、器具、创口的消毒。

（五）过氧化氢

又称双氧水。常用 3% 溶液，用于创口化脓、深部组织创伤、坏死灶的消毒，以及皮炎的清洗。

（六）生石灰

猪场也经常使用，配制 10% ～ 20% 石灰乳，涂刷猪舍墙壁、栏杆、地面等。也可以将生石灰撒在阴凉潮湿的地面、粪池周围及排水沟旁等。可以撒在进出猪场道路上，但不能撒在带猪的猪舍猪圈内，10% 的石灰乳制作方法是：1kg 生石灰加 1kg 水，熟化后再加 9kg 水即可。5kg 生石灰对 2 ～ 2.5kg 水消毒效果更好。

（七）草木灰

新鲜草木灰 2kg、水 10kg 混合，煮沸 2h，用麻袋等物过滤备用。用时加 2 倍热水稀释，用于喷洒或涂擦猪舍墙壁、地面、栏杆等的消毒。配置后的草木灰是一种碱性溶液，杀菌力很强。

（八）高锰酸钾

高锰酸钾是一种强氧化剂，对细菌、病毒具有杀灭作用。常用 0.1% 溶液，用于猪乳房消毒、化脓创口、溃烂创口冲洗等。

（九）火碱

几乎所有的养猪场都会用火碱消毒，火碱对病毒和细菌具有强的杀灭能力，主要用于猪场大门口、猪场地面和空猪舍消毒，1.5kg 火碱兑 50kg 水，可以杀灭猪场所有病毒和细菌，用于猪舍地面、食槽、水槽等消毒，可放入消毒池内作为消毒液，并可用于传染病污染的场地、环境的消毒。还可以消灭非瘟病毒，但不能带猪消毒，以防烧伤皮肤。

（十）过氧乙酸（过醋酸）

过氧乙酸是一种强氧化剂，对细菌、病毒、霉菌和芽孢均有杀灭作用。在 0℃以下低温同样杀灭。0.1% 溶液用于喷洒猪舍、地面、食槽、水槽、环境消毒等。可以喷雾和涂刷。用于带猪消毒，喷在猪身上，不会引起腐蚀和中毒。用时观察瓶签，一般为 18% ～ 20% 溶液，按比例配制成 0.1%，过氧乙酸化学性质很不稳定，配制好的溶液只能保存几天，现用现配，配制之后尽快用完，更不能过夜。

可用于空栏熏蒸消毒，一般按 1 ～ 3g/m^3，稀释成 3%～ 5%的溶液，加热熏蒸 1 ～ 2h，可杀灭除虫卵以外的病原体。过氧乙酸对皮肤、黏膜有腐蚀作用，高浓度时加热至 60℃时能引起爆炸。

（十一）新洁尔灭

新洁尔灭是一种表面活性消毒剂，不能与肥皂同时用，因为抵消了消毒作用。常用 0.1% 溶液，用于手、皮肤、手术器械、冲洗黏膜及工作服等消毒。

（十二）漂白粉（含氯石灰）

卤素类消毒剂漂白粉是一种白色粉末，带有剧烈氯气味，有强的杀菌作用和除臭能力。10% ～ 20% 漂白粉溶液，作用 1 ～ 2h，可杀灭除虫卵以外的病原体。用于猪舍、拉猪车、环境、粪便、土地、污水等消毒。1% ～ 3% 澄清液用于食槽、水槽、用具等的消毒。注意，漂白粉中的氯具有杀菌能力，其中的有效氯不得低于 25% ～ 30%。另外，漂白粉的杀菌期较短，使用时应经常更换，且由于漂白粉中的氯易挥发，效果不稳定，故不能用于金属物体消毒。

（十三）石碳酸

常用 3% ～ 5% 的石碳酸溶液消毒。石碳酸的刺激性和腐蚀性均较强，一般不建议使用。

（十四）碳酸钠

常用其粗制品（纯碱）。一般用 4% 的纯碱热溶液洗刷或浸泡用具。不要使用冷溶液消毒，以免影响其杀菌效果。

（十五）醛类消毒剂：福尔马林（40%甲醛溶液）

福尔马林为广谱杀菌剂，能迅速杀灭细菌、病毒、芽孢、霉菌。主要用于熏蒸消毒，舍内每立方米用 30mL 福尔马林加 15g 高锰酸钾熏蒸，熏蒸 2 ～ 4h。也可用 2%～ 4%的福尔马林溶液进行地面、墙壁、用具消毒。由于熏蒸必须有较高的温度和湿度，故在熏蒸前要喷水增湿，熏蒸时门窗紧闭，熏蒸后通风换气。福尔马林熏蒸消毒仅适用于空舍消毒。

（十六）氨水

常用 5% 氨水喷洒消毒，经济实用。猪场常用消毒剂有 5 种，有火碱、过硫酸氢钾、生石灰、戊二醛、聚维酮碘，不能随意乱配乱用，应合理配比使用。

四、育肥猪疾病鉴别要点

不同症状疾病鉴别要点

1. 具有皮肤红斑的热型疫病的鉴别

（1）咽部明显肿大，呈急性经过：猪肺疫。

（2）咽部明显肿大，呈慢性经过：猪炭疽。

（3）没有咽部肿大，各种年龄发病，红斑指压不褪色：猪瘟。

（4）没有咽部肿大，6月龄易发病，红斑指压不褪色，红斑不凸出皮肤，界限不清楚：猪弓形体病。

（5）没有咽部肿大，6月龄易发病，红斑指压褪色，红斑凸出皮肤，有菱形、方形等明显界线：猪丹毒。

（6）没有咽部肿胀，多发生于仔猪肢体末梢、跛行、神经症状：猪链球菌。

（7）没有咽部肿胀，多发生于仔猪肢体、末梢及皮肤湿疹、腹泻：猪副伤寒。

2. 具有明显呼吸症状的疫病的鉴别

（1）体温正常，呼吸困难，鼻无病变：猪喘气病。

（2）体温正常，呼吸困难，鼻有病变：猪萎缩性鼻炎。

（3）体温升高，呈流行性经过：猪瘟。

（4）体温升高，呈流行性经过：猪流行性感冒。

（5）体温升高，呈散发或地方性流行经过：猪弓形体病。

（6）体温升高，呈散发或地方性流行经过：猪类流感型伪狂犬病。

（7）体温升高，呈散发或地方性流行经过：猪肺疫。

3. 具有神经症状的疫病的鉴别

（1）神经症状明显，眼球震颤：猪传染性脑脊髓炎。

（2）神经症状明显，呕吐，便秘，猪血凝不良：病毒性脑脊髓炎。

（3）神经症状，败血症：猪类流感型伪狂犬病。

（4）神经症状，攻击人、畜：猪伪狂犬病。

（5）神经症状，败血，进行性消瘦：猪李氏杆菌病。

（6）神经症状，肌肉强直：猪破伤风。

（7）神经症状，仔猪断奶后有头部水肿：猪水肿病。

（8）神经症状，败血症，跛行：猪脑炎型链球菌病。

（9）神经症状明显，少数病猪有神经症状，妊娠母猪流产及种公猪睾丸炎：猪布鲁氏菌病。

4. 口蹄部有水疱的疫病的鉴别

（1）各种家畜均易感染：猪水疱性口炎。

（2）偶蹄兽均可感染：口蹄疫。

（3）仔猪感染：猪水疱病。

5. 具有腹泻症状的仔猪疫病鉴别

（1）粪便中含有坏死组织或纤维蛋白样物：仔猪副伤寒。

（2）血性黏液性下痢：猪痢疾。

（3）黄白色或暗黑色水样或糊状稀便：猪轮状病毒病。

（4）灰色或黄色水样稀便，传播快，呕吐，仔猪死亡率高：猪传染性胃肠炎。

（5）灰色或黄色水样稀便，传播较慢，死亡率低：猪流行性腹泻。

（6）白色糊状稀便：仔猪白痢（10～30日龄）。

（7）黄白糊状稀便：仔猪黄痢（7日龄以内）。

（8）血色糊状稀便：仔猪血痢（3日龄）。

（9）仔猪红痢：空肠、回肠有节段状出血性坏死。

（10）仔猪黄痢：主要在十二指肠有卡他性炎症。

（11）轮状病毒性肠炎：胃内有乳凝块，大、小肠黏膜呈弥漫性出血，肠管菲薄。

（12）传染性胃肠炎：主要病变在胃和小肠，呈现充血、出血，并含有未消化的小凝乳块，肠壁变薄。

（13）流行性腹泻：病变在小肠，肠壁变薄，肠腔内充满黄色液体，肠系膜淋巴结水肿，胃内空虚。

参考文献

程学慧，衰健，刘涛，2012. 用营养调控缓解养猪生产对环境的污染 [J]. 中国饲料（3）：27–29.

董昕，谢薇，邓建平，等，2019. 无土栽培技术在生猪养殖环境中的应用 [J]. 畜牧与兽医，51（5）：231–233.

郭鹏，2020. 环境控制在生猪养殖中的应用及发展前景 [J]. 养殖技术与管理（5）：48–50.

李清宏，韩俊文，2007. 改革开放以来中国养猪生产回顾分析与展望 [J]. 中国畜牧杂志（6）：12–13.

申翠红，2016. 提高母猪生态养殖质量的技术措施 [J]. 当代畜牧（20）：34–35.

舒大华，赵武林，2017. 探究生态猪养殖技术及发展趋势 [J]. 农业与技术（1）：36.

唐春林，2016. 浅谈规模化猪场保育猪养殖技术要点 [J]. 中国畜牧兽医文摘，32（8）：98.

田智慧，邢志航，李兴旺，等，2020. 生猪养殖环境污染治理技术综述 [J]. 环境科技，43（5）：91–94.

王丽波，张玉明，李敏，等，2019. 光照对生猪养殖环境的影响及其调控策略 [J]. 中国畜牧兽医，46（1）：15–20.

王韶辉，2016. 生态养殖技术及发展趋势 [J]. 当代畜牧（8）：45–46.

邢仁增，2008. 养猪业应对市场风险的经营策略 [J]. 经营管理（6）：23.

姚民仆，2008. 中国养猪业现状与发展研究：全球猪业论坛主题报告 [C]. 经营管理（6）：23.

张闯，辛海瑞，郝月，等，2019. 持续热应激对生长猪生长性能和脂质代谢相关激素、酶及产物的影响 [J]. 动物营养学报，31（6）：2589–2596.